電気Q&A
電気設備の
疑問解決

石井　理仁　著

Ohmsha

はしがき

　本書は，オーム社発行の雑誌「設備と管理」で2012年1月号から2016年3月号までの4年以上にわたって連載された「現場がおもしろくなる電気のQ&Aシリーズ　現場の疑問編」に拙著「現場技術者のための電気Q&A」の中の現場の経験編を加えたものを「電気Q&A　電気設備の疑問解決」としてここに発刊しました．電気Q&Aシリーズ第三弾としての本書の内容を端的に紹介しますと，

1. 第Ⅰ部　現場の疑問編

　　筆者は日常，現場に向き合った中で，トラブル事例やそれに関連する疑問等を通して解決できた事柄を長きにわたりノートにQ&Aの形で整理してきました．これらを①理論，②絶縁・接地，③受変電・保護継電器，④モータ，⑤ランプ・配線の5つに区分して，Q&A形式でわかりやすく興味深く説明しています．

2. 第Ⅱ部　現場の経験編

　　筆者が体験した竣工経験，建設計画提案，How Toとして，ビルや工場の主に電気設備管理に携わった先輩として伝承したいこと．

　このほか，肩肘はらずに読めるようにコラムとして連載中に読者からいただいた質問と回答を，また，本文で説明できなかった現場での必須技術，それに筆者のひとりごととして新幹線のモータの進歩，安全管理のことなども書き加えております．そのうえ，従来の書籍が一方通行だったのを改め，各章ごとに関連する国家試験等の問題を挿入して理解度が確認できるように構成しています．

　もう，本書を手にすれば現場や日常で疑問に思ってきたことにフタをしてきた人も解決に導かれ，知ったかぶりでない本物の電気技術に目覚めます．したがって，これからのお仕事に興味を持って向き合っていけ，現場がおもしろくなり問題解決の糸口が発見できることが期待できます．また，先に発刊された拙著の「電気Q&A　電気の基礎知識」「電気Q&A　電気設備のトラブル事例」も併せて活用されれば，より効果的に現場の電気が理解できるようになります．なお，本書の回答には，多くの諸先輩や諸先生からの教えによるところが多く，また，オーム社編集局をはじめ多くの方々のご尽力で書籍化できたことに，ここに紙上を借りて厚く感謝，御礼申し上げます．

2020年6月

石井　理仁

電気Q&A 電気設備の**疑問解決**　　CONTENTS

第Ⅰ部　現場の疑問編 ……………………………………………………… 1

第1章　理　論 …………………………………………………………… 1

Q1　スイッチはなぜ非接地側か？ ………………………………………… 2
Q2　位置表示灯スイッチの原理は？ ……………………………………… 4
Q3　磁気飽和とは？ ………………………………………………………… 6
Q4　磁気飽和の実例は？ …………………………………………………… 8
Q5　電池の常識は？ ………………………………………………………… 10
Q6　直流と交流の違いとは？ ……………………………………………… 14
Q7　電気エネルギーの単位は？ …………………………………………… 16
Q8　高調波とは？ …………………………………………………………… 18
Q9　水槽内配管に穴，電食か？ …………………………………………… 20

第2章　絶縁・接地 ……………………………………………………… 25

Q10　絶縁劣化の原因は？ …………………………………………………… 26
Q11　絶縁の良否の判定は？ ………………………………………………… 28
Q12　絶縁不良がわかる方法とは？ ………………………………………… 30
Q13　変圧器の接地は？ ……………………………………………………… 32
Q14　非接地配線方式とは？ ………………………………………………… 34
Q15　電子回路の接地とは？ ………………………………………………… 36
Q16　漏れ電流の正体は？ …………………………………………………… 40
Q17　高圧ケーブルの接地とは？ …………………………………………… 42
Q18　シールドケーブルの接地とは？ ……………………………………… 44

第3章　受変電・保護継電器 …… 49

Q19　モールド変圧器に触れると？ ……………………………… 50

Q20　変圧器二次側400Vなら丫結線？ ………………………… 52

Q21　変圧器の％インピーダンスとは？ ………………………… 54

Q22　電力用コンデンサの単位は？ ……………………………… 56

Q23　電力用コンデンサの電流は？ ……………………………… 58

Q24　進相コンデンサと高調波の関係は？ ……………………… 60

Q25　進相コンデンサと直列リアクトルの関係は？ …………… 62

Q26　保護協調とは？ ……………………………………………… 64

Q27　保護継電器の整定の計算は？ ……………………………… 66

Q28　保護協調曲線の描き方は？ ………………………………… 68

Q29　地絡継電器の整定は？ ……………………………………… 70

Q30　GR付PASとは？ …………………………………………… 72

Q31　避雷器とは？ ………………………………………………… 74

Q32　短絡接地とは？ ……………………………………………… 76

第4章　モータ …… 81

Q33　口出線6本のモータは？ …………………………………… 82

Q34　モータの丫−△とは？ ……………………………………… 84

Q35　モータの保護は？（その1） ……………………………… 86

Q36　モータの保護は？（その2） ……………………………… 88

Q37　モータの保護は？（その3） ……………………………… 90

Q38　サーマルリレー以外の過負荷保護は？ …………………… 92

Q39　測定したモータの抵抗値は？ ……………………………… 94

Q40　モータが欠相すると？ ……………………………………… 96

Q41　高効率電動機とは？ ………………………………………… 98

Q42　インバータとは？ …………………………………………… 100

第5章　ランプ・配線 …… 105

Q43　常識のランプ用語は？ ……………………………………… 106

Q44　外灯不点の判定法は？ ……………………………………… 108

Q45　コンセントが使えない!? ………………………………… 110

Q46　電線の常識は？ ……………………………………………… 112

Q47　電線とケーブルの違いは？ ………………………………… 114

Q48　送り配線とは？ ……………………………………………… 116

Q49　配線は信頼できるか？ ……………………………………… 118

Q50　制御弁式蓄電池とは？ ……………………………………… 120

第Ⅱ部 現場の経験編 123

Q51 竣工引渡しの流れは？ 124
Q52 電気設備の不具合事項は？ 128
Q53 空調給排水設備工事等の不具合事項は？ 130
Q54 竣工引渡し後にやるべきことは？ 132
Q55 メンテナンスを考慮した設計とは？ 134
Q56 理想の建設計画への提案とは？ 136
Q57 メンテナンスに携わる者の心構えは？ 138
Q58 電気設備の安全管理とは？ 140

コラム1 電食と自然腐食 13
コラム2 電食 23
コラム3 CとL 39
コラム4 コンデンサ 46
コラム5 コイル 47
コラム6 突入電流 80
コラム7 これでもう新幹線通!? 104
コラム8 安全管理の責任は!? 143
コラム9 特別教育(低圧電気取扱業務) 145
コラム10 認定電気工事従事者という資格 146

問題で確認①理論 24
問題で確認②CとL 48
問題で確認③受変電 78
問題で確認④モータ 102
問題で確認⑤ランプ・配線 122
問題で確認⑥安全 144
問題で確認⑦資格 148

■索 引 149

現場の疑問編

第 1 章

理論

スイッチはなぜ非接地側か？

電気設備の現場では，「**今さら聞けない！**」ことや「**教えてもらえない**」ことが出てきます．しかし，私たちはその解決策を見つけることもできずに知ったかぶりになっていないでしょうか．そこで，「**現場の疑問編**」では，理論，絶縁・接地，受変電・保護継電器，モータ，ランプ・配線と5区分に大別して順次，解決策を示していきます．

> スイッチはなぜ非接地側か？

1. 配線に非接地側，接地側があること知っているか？

住宅の屋内配線も工場やビル内の電灯配線も，変圧器で高圧6 600 Vより降圧して**単相3線式**（以下「単3」という）の100/200 Vで供給されます．このうち，住宅の電灯配線に100 Vを供給しているのが図1.1で，図1.2は工場やビルの電灯配線を示します．

住宅でも工場，ビルでも単3は3本の配線ですが，電灯やコンセントへの配線は2本です．また，図1.1，1.2とも変圧器二次側は，**電気設備技術基準の解釈**[1]により，B種接地工事が施され，この接地されている側の電線を**接地側電線**といい，その対地電圧は0 Vになります．これに対する他の電線を**非接地側電線**または**電圧側電線**といい，これと接地側電線との間の電圧が**対地電圧**で，単3の100/200 Vでは図1.2の蛍光灯のように200 Vを使う場合も**対地電圧**は100 Vです．

内線規程[2]では，接地側電線は「白色」，接地線は「緑色」と決められていますが，非接地側電線については電線の色が特に決められていません（電気工事士技能試験では，非接地側電線を黒色と指定しています）．

2. スイッチが非接地側の理由は？

電灯を点滅するには，図1.3のように**非接地側電線**の途中にスイッチを施設するのがよいとされています．その理由は，図1.3のようにスイッチを切るとレセプタクルの両側の配線に電圧がかからないので，ランプを交換する際，万が一にでも誤って触れたときの感電防止になるからです．

以上でスイッチの配線は，**非接地側電線**になることが理解できましたか？

ではコンセントの配線はどうでしょうか？

3. コンセントの配線は？

コンセントは，埋込形でも露出形でも図1.4のように125 V/15 Aのものは，受口の長い方を

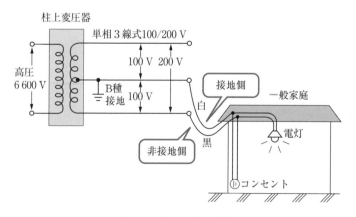

図1.1　住宅の屋内配線

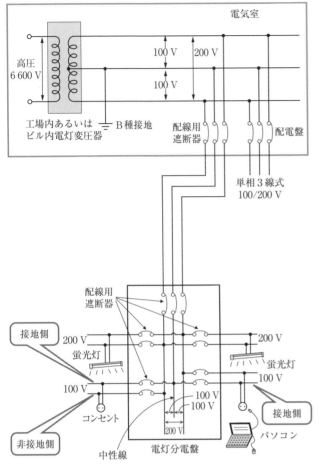

図1.2 電灯変圧器と電灯分電盤

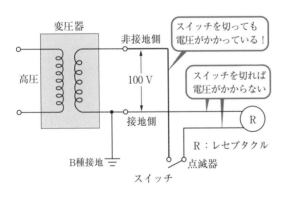

図1.3 非接地側点滅

接地側として，**接地側**，**非接地側**の区別をしています．なお，内線規程にも**接地側**，**非接地側**の区別が示されていて，**図1.5**のようにコンセントの受口で太い線の記号の方を**接地側極**として使用

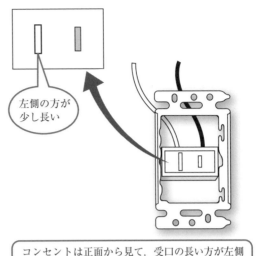

コンセントは正面から見て，受口の長い方が左側

図1.4 コンセントの配線

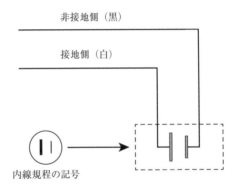

図1.5 単相100Vコンセント

します．配線はスイッチと同様に**接地側電線**に白色，**非接地側電線**に黒色の電線を使用します．また，コンセントの裏側では**N**または**W**の表示のある方が**接地側極**を示すので，こちらに白色の電線を接続します．

（注）

※1 電気設備技術基準の解釈；電気設備技術基準に関する省令に定める技術的要件を満たすべき技術的内容を具体的に示した安全確保に必要な最小限度の規制，略して「解釈」という．

※2 内線規程；民間の自主規程として定められたもので電気設備技術基準・解釈をわかりやすく説明しているうえに，補足・補完するもの．

位置表示灯内蔵スイッチの原理は？

暗い部屋でもスイッチの位置がわかる．それがホタルスイッチ，すなわち**位置表示灯内蔵スイッチ**です．

位置表示灯内蔵スイッチの原理は？

A ❷

1．位置表示灯内蔵スイッチと確認表示灯内蔵スイッチの違いは？

図2.1のように**位置表示灯内蔵スイッチ**は，ON のとき内蔵ランプが消灯し，OFF のとき内蔵ランプが緑色に点灯します．暗い部屋でもスイッチの位置がわかるのでホタルスイッチと呼ばれ，寝室や階段に使用すると便利です．一方，**確認表示灯内蔵スイッチ**は，ON のときに内蔵ランプが赤色に点灯し，OFF のときに内蔵ランプが消灯するもので**パイロットスイッチ**とも呼ばれます．トイレや浴室，事務所に用いられています．

また，ON のとき内蔵ランプが赤色に点灯し，OFF のとき内蔵ランプが緑色に点灯する**確認・位置表示灯内蔵スイッチ**，通称**パイロット・ホタルスイッチ**と呼ばれるものもあります．

このような表示灯内蔵スイッチを使うとスイッチの場所がわかったり，動作確認ができます．

2．表示灯内蔵スイッチの結線は？

表示灯内蔵スイッチの結線は，大きく分けると**図2.2**のように**異時点滅**，**同時点滅**，**常時点灯**の3種類があります．先の位置表示灯内蔵スイッチは異時点滅，確認表示灯内蔵スイッチは同時点滅，確認・位置表示灯内蔵スイッチは常時点灯の部類に入ります．すなわち，**異時点滅**は電灯が消灯しているときに表示灯（内蔵ランプ）が点灯し，**同時点滅**は電灯が点灯すると表示灯が点灯，電灯が消灯すると表示灯も消灯します．

常時点灯は，電灯の点滅にかかわらず表示灯が常に点灯しているもので，電源表示といえます．

3．位置表示灯内蔵スイッチの原理は？

位置表示灯内蔵スイッチは異時点滅ですから，スイッチの内部に**図2.3**，**2.4**のようにスイッチの接点に表示灯が並列に接続されたものが組み込まれています．ここで，電灯が100 V，100 W とすると電流は1 A となるから，抵抗 $R = 100\ \Omega$ と計算できます．また，表示灯は小形ネオンランプに非常に大きな抵抗が接続されているので，その抵抗を $R_p = 50\ \text{k}\Omega$ とすると直列接続の合成抵抗 R_0 は，

$$R_0 = R + R_p = 50.1\ [\text{k}\Omega]$$

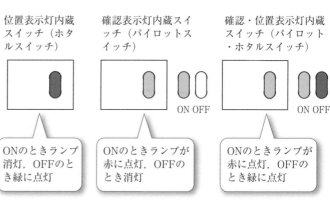

図2.1　表示灯内蔵スイッチの種類

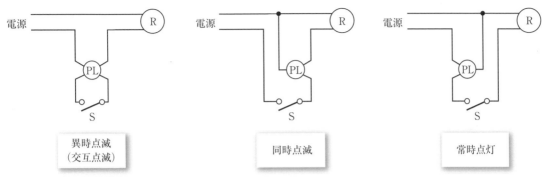

図2.2　表示灯内蔵スイッチの結線

したがって，**スイッチOFF時**（図2.3）の回路に流れる電流Iは，オームの法則より，

$$I = \frac{V}{R_0} = \frac{100}{50.1 \times 10^3} \simeq 2 \,[\text{mA}] = 0.002 \,[\text{A}]$$

このとき，電灯両端の電圧V_Rは，

$$V_R = IR = 0.002 \times 100 = 0.2 \,[\text{V}] \doteq 0 \,[\text{V}]$$

表示灯両端の電圧V_pは，

$$V_p = IR_p = 0.002 \times 50.1 \times 10^3 = 100 \,[\text{V}]$$

と計算できますから，表示灯の抵抗が大きいため，表示灯に電源電圧100 Vに近い電圧がかかって点灯します．しかし，電灯は電圧がほぼ0 Vのため点灯しません．

一方，スイッチON時には，図2.4のようにスイッチの接点で表示灯がジャンパ（短絡）されますから$R_p = 0\,\Omega$となります．

したがって，スイッチON時の回路に流れる電流Iは，オームの法則より，

$$I = \frac{V}{R_0} = \frac{V}{R} = \frac{100}{100} = 1 \,[\text{A}]$$

このとき，電灯両端の電圧V_Rは，

$$V_R = IR = 1 \times 100 = 100 \,[\text{V}]$$

となって，電灯は点灯し，表示灯には電圧がまったくかからないので消灯します．

以上の説明で**位置表示灯内蔵スイッチ**の**異時点滅のメカニズム**が理解できたのではないでしょうか．

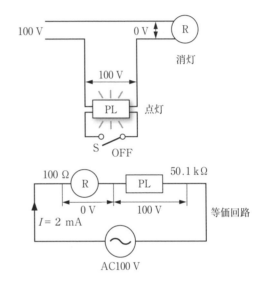

図2.3　位置表示灯内蔵スイッチ OFF

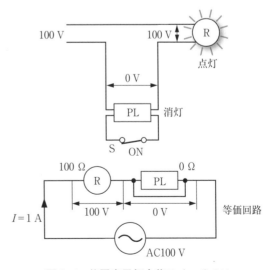

図2.4　位置表示灯内蔵スイッチ ON

3 磁気飽和とは？

鉄と銅で起きる現象が「**鉄心の磁気飽和**」(以下，単に「磁気飽和」という)です．

磁気飽和は，実際の現場で起こり得ることでしょうか．この**磁気飽和**がわかると現場の電気への興味が一段と沸いてきます．

磁気飽和とは？

1. 磁気飽和とは

鉄のような強磁性体に磁界Hを0から増加すると，図3.1のように磁束密度Bが比例して増加しますが，さらに磁界Hが大きくなるとBの増加は緩やかになって，ついにはBは**飽和**します．このことを**磁気飽和**といいます．磁束密度Bと磁界Hの関係は，

$$B = \mu H \;〔T〕 \tag{3・1}$$

となり，BとHが比例関係にある間は透磁率μは定数となって一定です．

しかし，**飽和**という現象を示すようにμは，常に一定ではありません．**磁気飽和現象により，透磁率μは一定ではなく変化するので磁気飽和が現れる**という見方もできます．

ここで**磁気飽和**を透磁率μで説明します．

透磁率μは，真空の透磁率をμ_0〔H/m〕，真空以外の**一般の媒質の透磁**率を**比透磁率μ_s**とすると，

$$\mu_s = \frac{\mu}{\mu_0} \tag{3・2}$$

の関係より，

$$\mu = \mu_0 \mu_s \;〔H/m〕 \tag{3・3}$$

ここで，$\mu_0 = 4\pi \times 10^{-7}$〔H/m〕，**比透磁率**$\mu_s$は軟鉄では1000くらい，パーマロイでは$10^6$以下，真空中の$\mu_s$は1で，空気中も真空と同様に扱われます．したがって，鉄心が**磁気飽和**する前は**透磁率μは一定で比透磁率μ_sが支配的**ですが，**磁気飽和すると真空の透磁率μ_0が支配的**となるのでμは小さくなります．なお，鉄のような磁性体には，**ヒステリシス特性**があります(図3.2にヒステリシスループを示す)．

2. 磁気飽和の実例は？

私たちのまわりで身近な**磁気飽和**の実例を四つ紹介し，そのうちの①，②について詳しく説明します．

① 通電中の**電磁弁コイル**を持ち上げてプランジャから引き離されたとき，電磁弁コイルが焼損する現象(図3.3)

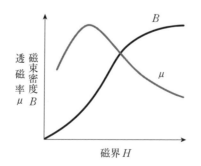

図3.1 磁化曲線（$B-H$曲線）

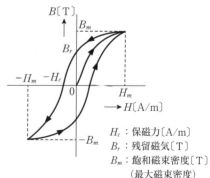

H_c：保磁力〔A/m〕
B_r：残留磁気〔T〕
B_m：飽和磁束密度〔T〕
（最大磁束密度）

図3.2 ヒステリシスループ

② 進相コンデンサ用直列リアクトルの磁気飽和(**写真 3.1**)

③ 短絡事故時の**計器用変流器(CT)**の磁気飽和

④ 変圧器の励磁突入電流

3. 電磁弁コイル焼損と磁気飽和

電磁弁コイル焼損は，磁気回路のオームの法則に基づき，オーム社刊の拙著『電気 Q&A 電気設備のトラブル事例』の Q22 で詳細に説明しました.

ここでは，**磁気飽和**によってこの実例を説明します. コイルを持ち上げてプランジャから引き離すと**空心コイル**となるため，漏れ磁束となって透磁率 μ を支配するのは，**真空の透磁率** μ_0 になります. すなわち，**磁気飽和**を起こしたことになるので，**励磁インダクタンス** L が低下します.

$$L = \frac{\mu S N^2}{l} \,[\mathrm{H}] \rightarrow L = \frac{\mu_0 S N^2}{l} \,[\mathrm{H}] \quad (3\cdot4)$$

ここで，$\mu \gg \mu_0$

ここで，電磁弁コイルの電流 I を制限するリアクタンス X は，

$$X = \omega L \,[\Omega] \quad\quad\quad\quad (3\cdot5)$$

であるから，L が小さくなるから，X が非常に小さくなります.

よって，電磁弁コイルの電流 I は，

$$I = \frac{V}{X} = \frac{V}{\omega L} \,[\mathrm{A}] \quad\quad (3\cdot6)$$

により，過大電流が流れるので，電磁弁コイルは焼損するわけです.

4. 直列リアクトルの磁気飽和

進相コンデンサ用直列リアクトルは，鉄心部にエアーギャップを設けた**空隙付き鉄心入りリアクトル**ですから，必要以上に大きな電流が流れると，鉄心の**磁気飽和現象**により，式(3・4)のように**インダクタンス** L が低下します.

現実にはまれですが過電流による**磁気飽和**が現れ，直列リアクトルの**リアクタンス**が低下します. なお，進相コンデンサには，商用周波数の電流のほかに**高調波電流**が重畳して流れていますが，高調波の流入量が大きくなると合成電流は過電流になります.

このため，過電流による**リアクタンス低下**により電源系統との間に**高調波共振**が発生して異常な**高調波過電流**が進相コンデンサ回路に流入する現象[※1]を誘発することがあります. このことで過去には進相コンデンサと直列接続されている**直列リアクトル**に高調波過電流による障害が発生していました. しかし，JIS 改正により，これに対応できる**直列リアクトル高調波耐量タイプ**が追加されました. したがって，**高調波過電流**が懸念されるところは，この**高調波耐量タイプ**を採用することで障害を防止できます.

(注)

※1 **高調波引込み現象**という.

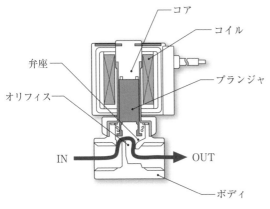

図 3.3　電磁弁断面図

写真 3.1　直列リアクトル (手前. 奥は進相コンデンサ)

4 磁気飽和の実例は？

磁気飽和の実例は？

　磁気飽和の実例として計器用変流器（**写真4.1**，以下「CT」という）の短絡事故時と変圧器の励磁突入電流について説明します．

A④

1．短絡事故時のCTの磁気飽和

用途　高圧回路，低圧回路のいずれの場合でも回路の電流は，これに比例する小電流に変成して継電器や計器を動作させます．高圧回路の場合，高圧回路と二次側の継電器や計器は危険防止のため電気的に絶縁し，電気設備技術基準の解釈により二次側はD種接地工事が義務づけられます．なお，CTは一種の変圧器ですから，一般的には一次と二次の巻線を持ち，一次巻線は**図4.1**のように回路に直列に接続され，二次巻線には継電器や電流計の電流コイル等を接続します．

用語　CTの定格一次電流の標準は，5Aから5 000Aの間で一般用が定められ，定格二次電流は1A，5Aと定められています．CTの二

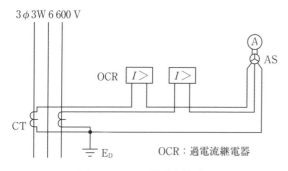

図4.1　CTの結線と接地

写真4.1　高圧用CT

次端子間に接続する負荷は**負担**といい，継電器や計器の電流コイル等です．実際にかかる負担を**使用負担**，定格容量のことを**定格負担**といい，定格負担は使用負担の2倍程度とされています．

　銘板に記載される**公称変流比** K_n は，

$$K_n = \frac{\text{定格一次電流 } I_n}{\text{定格二次電流 } I_{2n}} \qquad (4・1)$$

K は実測による変流比（**図4.2**）とすると，CTの**比誤差** ε は，

$$\varepsilon = \frac{K_n - K}{K} \times 100 〔\%〕 \qquad (4・2)$$

　ここで，CTの用語できわめて重要な**過電流定数**について説明します．

　CTの過電流領域における誤差を示すものとして**定格過電流定数**があります．

　過電流定数とは，比誤差が-10%になるときの一次電流をCTの定格一次電流で割った数をいい，$n > 5$，$n > 10$ のように表されます．図4.3は，$n > 10$ の場合のCTの**過電流特性**を示したものです．

磁気飽和　計器に使用するCTは，定常状態で電流が測定できることが要求され，微細な誤差も

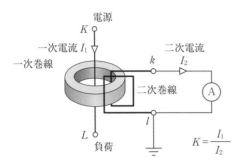

図4.2　変流器の接続と端子記号

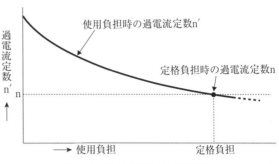

図4.4　使用負担と過電流定数

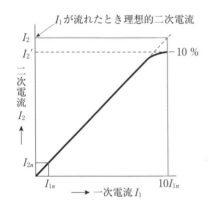

図4.3　n ＞ 10 の場合の特性

問題とされることがあります．しかし，継電器に使用するCTは，短絡電流のような過大な電流でも継電器を正確に動作させ，誤動作，不動作が起きないようにしなければならず，定常状態の誤差よりもCTの**過電流領域**の特性が問題とされます．

　すなわち，CTは短絡電流のような過大な電流が流れると，変流器鉄心の**磁気飽和**によって，二次側に一次電流に比例した電流が流れず，継電器が正しい動作をしないで大事故に発展するおそれがあります．要するに**過電流定数**は飽和の性質を示す定数であり，CTの変流比が比例関係を維持できる過電流の倍数を意味します．なお，**定格過電流定数**は，**定格二次負担**における値ですから，図4.4のように**使用負担**が変われば変化します．

$$n' = 過電流定数 n \times \frac{CTの定格負担＋二次漏れVA}{使用負担＋二次漏れVA}$$
（4・3）

　したがって，CTの**磁気飽和**が起こらないようにするには，**OCRの瞬時要素整定値**は，**CTの過**

電流定数以内に設定するようにします．

　なお，実際にCTの定格を選定するには，このほかに**定格過電流強度**[※1]等についても検討を加える必要がありますが，ここでは割愛します．

２．変圧器の励磁突入電流

　励磁電流　　変圧器に電源電圧を印加すると，励磁インダクタンスによって電圧より90°遅れた**励磁電流**が流れ鉄心に磁束を生じます．磁束は**励磁電流**と同位相の正弦波ですが，**励磁電流**は鉄心の**ヒステリシス特性**により歪んだ波形になります．

　励磁突入電流　　変圧器を無負荷で投入する際等に定格電流の数倍に達する過渡的な**励磁突入電流**（以下「**励突電流**」という）が流れ，減衰時間が長いため**OCR**や比率差動リレーが動作して変圧器を投入できないことがあります．また励突電流が現われる現象を「**励突電流現象**」といいます．

　励突電流のメカニズム　　変圧器の励磁インピーダンスは，平常時きわめて大きく，励磁電流は負荷電流の数パーセント以下ですが，**励突電流**は，**鉄心の飽和**と非飽和状態が発生し，励磁インピーダンスが大幅に変化する過渡現象です．すなわち，**鉄心が飽和**した瞬時だけ励磁インピーダンスはきわめて小さな値となり，この間だけ**励突電流現象**が現れます．

（注）

※1　**定格過電流強度**；定格耐電流，定格一次電流の倍数で表し，1秒間流れても熱的，機械的に損傷しない限度の保証値．

理論❺

5 電池の常識は？

私たちの必需品となったノートパソコンや携帯電話の電源がインフラを支えている電池です．

電池の常識は？

ビル，工場の受変電用直流電源，非常用発電機の始動装置，UPS の電源として**鉛蓄電池**，ニッケル・カドミウムアルカリ蓄電池（以下「**アルカリ蓄電池**」という）が使用されます．このほかによく使用されているものには，**円筒密閉形ニッケル・カドミウム蓄電池**（以下「**ニカド電池**」という）と**リチウムイオン二次電池**があります．

A 5

1．二次電池とは？

二次電池とは蓄電池（Battery）のことで，充電すれば繰り返し使用可能な電池です．一方，**一次電池**は乾電池に代表されるように使い切ってしまえばおしまいの電池のことです．

2．鉛蓄電池とアルカリ蓄電池の違いは？

- 両方とも大別して**ベント形**と**シール形**があり，防まつ栓の付いたものをベント形，**触媒栓付き**のものをシール形と称します．なお，シール形には**触媒栓式**と**制御弁式（陰極吸収式）**があります．
- **ベント形**は定期的に補水が必要ですが，**触媒栓式（写真 5.1）**は長期間補水が不要なものです．なお，**制御弁式（写真 5.2）**は寿命期間中補水をまったく必要としない密閉構造のものです．
- **鉛蓄電池**の電解液は希硫酸で，起電力は硫酸濃度が大きいほど高く，また温度が高いほど大き

写真 5.1　触媒栓式シール形アルカリ蓄電池

写真 5.2　制御弁式シール形据置鉛蓄電池

く，**公称電圧**[※1]は単電池当たり２Ｖです．放電により硫酸が消費されて比重が低下するため，**比重の測定**が定期的に必要になります．

- **アルカリ蓄電池**の電解液は水酸化カリウムで，電解液は直接起電反応に関与しないので**比重の**

変化はありません．また，**起電力**は負の温度係数を持つので低温になるほど充電電圧は高く，高温度になると充電電圧は低くなり，充電中の温度が45℃以上になると充電不完全のため放電容量が減少します．公称電圧は単電池当たり**1.2 V**です．

- 1組の蓄電池を構成する場合，起電力の相違により，鉛蓄電池の方が**必要セル数**が少なく小形になるケースが多くなります．

- 非常用発電機始動やUPS用等**短時間大電流放電特性（高率放電特性）**を要求される場合は，アルカリ蓄電池の方が小容量で済むので小形になります．

- **耐用年数**は使用条件によって異なりますが，鉛蓄電池は5～7年，アルカリ蓄電池は12～15年が期待できます．

- **価格**は，主原材料の価格が鉛に比べてニッケル・カドミウムが高いので，アルカリ蓄電池より鉛蓄電池の方が低価格になります．

3．制御弁式据置鉛蓄電池とは？

- 充電中に正極から発生する酸素ガスは負極に吸収され，水の電解による**水分減少**を防止しています．

- 充電時等に電池内の圧力が上昇した場合，ある圧力になると開弁し，ガスを排気する**制御弁**が設けられています．

- 均等充電・電解液補充・比重測定不要等，**保守が簡単**なため，**設置スペース**が小さくなります．用途は**UPS用**が主体です．

4．ニカド電池とは？

- 制御弁式シール形アルカリ蓄電池と同じ原理で構成され，乾電池と同じように使える手軽な**二次電池**として普及してきたものです．

- パワーのある電池なので**電動工具**にも適し，また信頼性が高いので誘導灯，非常灯，火災報知設備，非常放送設備等，**防災の非常電源**になっています．

- 充電電圧に大きな影響を与えるのは，**充電時の温度**で，温度が高いほど低い値を示します（**図**

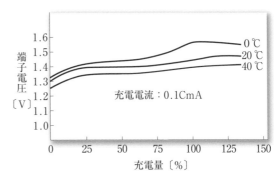

図5.1　ニカド電池の充電電圧特性（例）

5.1）．

5．リチウムイオン二次電池とは？

- 正極にコバルト酸リチウム（$LiCoO_2$），負極に**リチウム合金**，電解液にリチウム塩を溶解した有機溶媒が用いられ，電解質中の**リチウムイオン**が電池反応に関与します．

- リチウム一次電池は同様の原理ですが，負極に金属リチウムを使います．

- リチウム電極の**電位**は，金属の中で最も低いため（−3.05 V），電池の起電力として高い電圧（3.7 V）で，比重は金属中最小です．

- **エネルギー密度（Wh/L）**が非常に高いうえ可燃性の有機溶媒を使用しているので，過充電では**過熱**する危険性が大きくなります．

6．ニッケル水素電池とは？

- 正極にニッケル化合物，負極に**水素吸蔵合金**，電解液にアルカリ水溶液を用いるアルカリ蓄電池の一種です．

- ニカド電池と同じ**1.2 V**で，アルカリ乾電池と**互換性**があります．**エネルギー密度**はニカド電池の約2倍で，**電動工具**，**パワーアシスト自転車**等に広く使用されています．

（注）

※1　公称電圧；電池を通常の使用状態にした場合に得られる端子間の電圧を目安として定められる．電池の種類によって決まり鉛蓄電池は2 Vである．

電池がわかるキーワード

電池のトラブルに関係する**四つのキーワード**を取り上げて解説します. そのあと, キーワードを含め電池のことが出題された国家試験にトライして理解度を確認してください.

サルフェーション

別名「**白色硫酸鉛化**」と呼ばれます. **鉛蓄電池**は放電したままの長期間の放置や放電し切ると**負極**表面に硫酸鉛の硬い**結晶**ができて表面積が低下します. この硬い結晶の硫酸鉛は元に戻らず, 端子電圧と比重の低下として現れ, 蓄電池容量が低下します. このように**硫酸鉛の硬い結晶**ができて寿命を短くなる現象を「**サルフェーション**」といいます.

サーマルランナウェイ

熱逸走現象とも**熱暴走現象**ともいいます. 定電圧充電等で均等電圧が高すぎたり, 蓄電池温度が非常に高くなった場合に充電電流が増加し, その結果ますます温度が高くなる悪循環で, 最悪の場合には高温のために蓄電池が損傷します.

アルカリ蓄電池やニカド電池は, 充電電圧が負の温度係数を持つため熱逸走現象が起きやすい傾向があります. しかし, **鉛蓄電池**でもこの現象は発生し, 特に**制御弁式**は密閉形なのでベント形より発生しやすいといえます.

また, **リチウムイオン二次電池**でも起こる場合があるとされています.

メモリー効果

ニカド電池やニッケル水素電池は, 放電するとき, 十分に電池電圧が低下する前, すなわち容量をある程度残した状態で放電を中止して再充電を行うと, 初回に放電を中止した付近で電圧が少し低めに推移します. このように電池を少し使って充電を繰り返すと**蓄電池容量が低下する現象**です.

PFC回路

力率改善回路のことで, **リチウムイオン二次電池の保護**のため波形を正弦波状にし, 高調波雑音を低減します.

問題5.1 シール鉛蓄電池の概要について述べた次の文章のうち, 誤っているものはどれか.

① 正極板は, 鉛を格子状に形成し, その表面に二酸化鉛の活物質を充填したものであり, 活物質は, 電解液と反応して電気エネルギーを放出・蓄積する.

② サルフェーションとは, 適正値よりも低い電圧でフロート充電することによって充電不足となり, 正極の活物質が不還元性の硫酸鉛結晶になって, シール鉛蓄電池の容量が低下する現象である.

③ フロート充電で発生するシール鉛蓄電池の容量低下は, 経年により, 導電体である正極格子が腐食し, 導電部分が減少するために起こる.

④ 定格容量が10時間率で1 000〔Ah〕のシール鉛蓄電池は, 100〔A〕の電流で10〔h〕の連続放電が期待できる.

問題5.2 リチウムイオン二次電池の概要について述べた次の文章のうち, 正しいものはどれか.

① リチウムイオン二次電池は, 充電反応において, 負極のコバルト酸リチウムなどに吸蔵されたリチウムがイオンとなって電解液中に溶出して正極の炭素に吸蔵される.

② リチウムイオン二次電池は, 鉛蓄電池などと比較して, 数倍のエネルギー密度を有することから, 小型軽量化が図れるうえに, 大電流充電および大電流放電に対する特性に優れているが, 浅い充放電を行うと, 容量が低下するメモリー効果が現れるため, 専用の充電器が必要である.

③ リチウムイオン二次電池は, 可燃性のリチウム化合物や有機溶媒を使用することから, 安全性や信頼性を確保し, 過充電, 過放電および過電流から保護するためのPFC (Power Factor Correction)回路などの付加が必要である.

④ リチウムイオン二次電池は, 周囲温度に対する放電特性において, 一般に, 周囲温度が低いほど, 内部抵抗の増大によって出力電圧が低下する傾向がある.

(電気通信主任技術者試験問題より)

解答 問題5.1 ②（正極の活物質→負極の活物質） 問題5.2 ④（保護のため）

コラム 1　電食と自然腐食

ポンプサクション配管が腐食する！？

　竣工後4年経過したビルのポンプサクション**配管が腐食**して配管肉厚が薄くなった事例を紹介します.

事例 1）**図A**の屋内消火栓ポンプのサクション配管がSGP（炭素鋼鋼管），フート弁がBC（青銅）であったが，**腐食のため配管肉厚が部分的に薄くなって穴のあく寸前**であった.

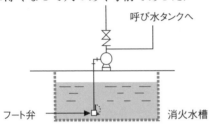

図A　屋内消火栓ポンプと消火水槽

　2）**図B**のディーゼル発電機の冷却水ポンプサクション配管がSGP，フート弁がSUS（ステンレス）であったが，**配管の腐食が進み，フート弁**との接合部近くの配管の肉厚がなくなって穴のあく寸前であった.

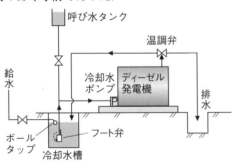

図B　ディーゼル発電機と冷却水槽

原因　電食と似ていますが**自然腐食**が原因と考えられ，金属表面に生ずる局部電池，通気差電池，**異種金属接触**等に起因します.今回の現象は異種金属接触腐食が要因で，金属は電解質中で**表A**のとおり，それぞれ固有の電位（自然電位）を持っています.このため異種金属を電解質中で接触（接続）させると自然電位の高い（貴）金属がカソード，低い（卑）金属がアノード

となって電池作用が起き，電位の低い金属の方から電流が流出するので電位の低い金属の方が**溶解腐食**します.これを**ガルバニック腐食**といい，各事例の自然電位を比較すると，次のとおりです.

事例1：SGP（－0.61 V）＜ BC（－0.31 V）
事例2：SGP（－0.61 V）＜ SUS（－0.08 V）

　したがって，事例1，2とも自然電位の低い（卑）金属であるSGPが水中に流れ出て**溶解腐食**します.

対策　・フート弁の材質は，そのままで**配管の材質**を事例1，2とも SUS に交換しました.
　・事例2の方は，配管，フート弁とも同じ材料にしたので問題はなくなりましたが，事例1の方は，電位差があるため**電気防食法**のうち**流電陽極法**を採用しました.

表A　海水中における金属および合金の自然電位例

資料提供　日本防蝕工業（株）

流速　13ft/s, 25℃

金属	電位（VvsSCE）
（アノード側，腐食側）	
マグネシウム	－1.50
亜鉛	－1.03
アルミニウム（Alclad）	－0.94
アルミニウム　3S-H	－0.79
アルミニウム　61S-T	－0.76
アルミニウム　52S-H	－0.74
カドミウム	－0.70
鋳鉄	－0.61
炭素鋼	－0.61
430 ステンレス鋼（17%Cr）　（活性）	－0.57
ニレジスト鋳鉄（20%Ni）	－0.54
304 ステンレス鋼（18%Cr, 8%Ni）（活性）	－0.53
410 ステンレス鋼（13%Cr）（活性）	－0.52
鉛	－0.50
ニレジスト鋳鉄（30%Ni）	－0.49
ニレジスト鋳鉄（20%Ni＋Cu）	－0.46
半田（50/50）	－0.45
スズ	－0.42
ネーバル黄銅	－0.40
黄銅	－0.36
銅	－0.36
丹銅	－0.33
青銅（compositionG）	－0.31
アドミラリティ黄銅	－0.29
90-10 キュプロニッケル（0.8%Fe）	－0.28
70-30 キュプロニッケル（0.06%Fe）	－0.27
70-30 キュプロニッケル（0.47%Fe）	－0.25
430 ステンレス鋼（17%Cr）（不動態）	－0.22
ニッケル	－0.20
316 ステンレス鋼（18%Cr, 12%Ni, 3%Mo）（活性）	－0.18
インコネル	－0.17
410 ステンレス鋼（13%Cr）（不動態）	－0.15
チタン（工業用）	－0.15
銀	－0.13
チタン（高純度）	－0.10
304 ステンレス鋼（18%Cr, 8%Ni）（不動態）	－0.08
ハステロイC	－0.08
モネル	－0.08
316 ステンレス鋼（18%Cr, 12%Ni, 3%Mo）（不動態）	－0.05
黒鉛	＋0.25
白金	＋0.26
（カソード側，防食側）	

F.L.LaQue : "Corrosion Testing", ASTM 44th Annual Meeting, P44(1951)

Ⅰ部 疑問編　1章 理論

6 直流と交流の違いとは？

電力会社からの電気はもちろん，モータ，けい光灯は交流ですが，私たちに身近なパソコン，携帯電話，LED 等は直流を使用しています．

ここでは，**直流と交流の違い**を**コイル**，**電磁石**，それに**電磁弁**の三つを例に説明します．

直流と交流の違いとは？

コイル，**電磁石**，**電磁弁**の三つを取り上げて，直流と交流はどのような違いが出るのかを理解することにより，**直流と交流**のことがよくわかってきます．

A 6

1．三つの例

〈コイル〉

コイルに直流あるいは交流電圧を加えたとき，**インダクタンス L**（Q 3 参照）のほかに抵抗 R を持つため，等価的に図 6.1 のような **RL 直列回路**として表すことができます．また，**インダクタンス L** は，交流に対して抵抗と同様に電流を制限するように働くので**リアクタンス X** となります．しかし，直流に対しては，周波数を 0 として考えると無作用となり，抵抗のみで制限します．した

がって，

同図（a）より，

$$I_d = \frac{E}{R} = \frac{100}{8} = 12.5 〔A〕$$

同図（b）より，

$$I_o = \frac{V}{\sqrt{R^2 + X^2}} = \frac{100}{\sqrt{8^2 + 6^2}} = 10 〔A〕$$

ただし，$X = 2\pi fL = 2\pi \times 50 \times 19.1 \times 10^{-3} = 6〔\Omega〕$

以上の計算より，同一のコイルに同じ大きさの電圧を加えた場合の電流は，交流の方が直流に比べて小さくなることがわかりました．

〈電磁石〉

図 6.2 のような電磁石で，起磁力 NI〔A〕によって生じる磁束密度を B〔T〕とし，漏れ磁束がないものとすると，ギャップ δ を含め，どこでも B は一定です．鉄心，鉄片の断面積を S〔m²〕とすれば，電磁石の**吸引力** F〔N〕は，

$$F = \frac{B^2}{2\mu_0} S 〔N〕 \tag{6・1}$$

ただし，$B = \frac{\phi}{S}$〔T〕, ϕ：磁束〔Wb〕 (6・2)

このとき，電源別による**磁束と吸引力の関係**は，図 6.3 のように**直流**の場合は，同図（a）のとおり

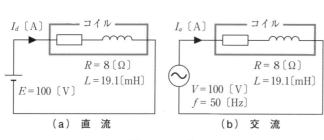

図 6.1 コイル

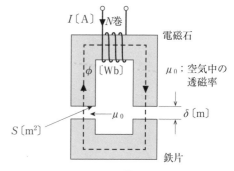

図 6.2 電磁石

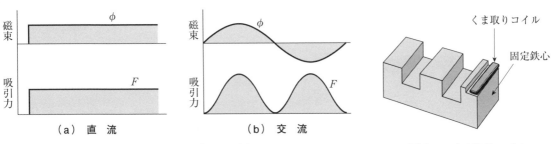

図6.3　電磁石の磁束と吸引力

（a）直流　　　（b）交流

図6.4　くま取りコイル

くま取りコイル
固定鉄心

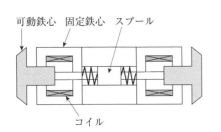

可動鉄心　固定鉄心　スプール

コイル

図6.5　スプール形電磁弁

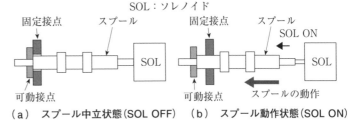

SOL：ソレノイド

固定接点　スプール　　固定接点　スプール　SOL ON

SOL　　　　　　　SOL

可動接点　　　　　　可動接点　スプールの動作

（a）スプール中立状態(SOL OFF)　（b）スプール動作状態(SOL ON)

図6.6　モニタリングスイッチ付電磁弁

磁束一定ですから吸引力もほぼ一定です.

　一方**交流**の場合は，同図（b）のとおり磁束は時々刻々と変化する交番磁束のため，**吸引力**は交番磁束の2乗の大きさで，電源周波数の2倍の周波数で**脈動**します.しかし実際の交流電磁石では，この脈動によるうなり防止のため**図6.4**のような**くま取りコイル**を設けています.なお，交流の場合はギャップ δ が広いため起動時に非常に大きな電流が流れ，**吸引後**はギャップ δ が小さくなるので電流は小さくなります.直流電磁石の電流は，コイル抵抗のみで決まるのでほぼ一定です.

〈**電磁弁**〉

　電磁弁とは，電気信号の ON/OFF により電磁石（ソレノイド）の吸引力を利用し，直接または間接的に**スプール(主軸)**を駆動して空気や水等の流体の方向を切り換えるものです（**図6.5**）.なお，バルブの主弁の構造によりスプール形のほかに弁の開閉ができる**ポペット形**もあります（Q3の図3.3参照）.

　図6.6は，モニタリングスイッチ付電磁弁の**スプール**とソレノイドの ON/OFF との関係がわかります.ここで，交流の場合の電流は，可動鉄心と固定鉄心との距離（以下「**ストローク**」という）によって変化し，**ストローク**が大きくなると大き

な電流（起動電流）が流れます.一方，直流の場合は，コイル抵抗のみによって決まるためストロークに関係なく一定となります.吸引力は電磁石の場合と同じです.

2．直流と交流の違いはどうして？

〈**コイル**〉

　コイルに流れる電流は，交流の方が小さくなりました.これは，抵抗のほかに**リアクタンス**によるもので，**インダクタンス L** の影響です.この L は，**電磁誘導によるファラデーの法則**から説明できる交流での磁束の時間的変化，すなわち交番磁束で発生する逆起電力の現象です.

〈**電磁石，電磁弁**〉

　電磁弁は，**電磁石**の吸引力を利用したものですから，この二つは同一に考えます.交流の場合，電流が変化するのは，やはり**インダクタンス L** によるものです.これは，Q3の式（3・4）より，

$$L = \frac{\mu S N^2}{l} \, [\text{H}] \qquad (6 \cdot 3)$$

　起動時の**ストローク**が大きいときは，空気の部分があるため μ は μ_0 に支配されて非常に小さくなります.したがって，L も小さくなってリアクタンスも小さくなり，電流が大きくなります.

理論**7**

7 電気エネルギーの単位は？

電気エネルギーの単位は，通常 kW·h ですが元々は W·s です．これが J（ジュール）になったり，N·m（ニュートン・メートル）になります．しかし，〔W·s〕＝〔J〕＝〔N·m〕で，いずれも SI 単位 [1] が使われます．

> 電気エネルギーの単位ってなぜ J なの？

電気エネルギーは，他のエネルギー，たとえば熱エネルギー，機械エネルギーや静電エネルギー等に変換して使用されます．ここでは，電熱器ヒータ，モータのトルク，コンデンサの静電エネルギーの三つの例を挙げますので，電気エネルギーの単位が〔W·s〕から〔J〕に変わることを通してエネルギーの**単位**を理解してください．

1．熱エネルギーに変わると？

> **問題7.1** 25 Ω の抵抗に 5 V の電圧を 1分間かけたときに発生する熱量として，正しいものはどれか．
> 1．30 J　2．60 J　3．125 J　4．300 J
> （1級電気施工管理技術検定試験）

解答 オームの法則より，流れる電流 I〔A〕は，

$$I = \frac{V}{R} = \frac{5}{25} = 0.2 \text{〔A〕}$$

電力量 W〔W·s〕は，1 分＝ 60 秒ですから，

$$W = I^2Rt = 0.2^2 \times 25 \times 60 \qquad (7 \cdot 1)$$
$$= 0.04 \times 1500 = 60 \text{〔W·s〕} = 60 \text{〔J〕（答）2}$$

以上は，電熱器ヒータの抵抗に電流が流れたことによって発熱（ジュール熱）し，電気エネルギー

が熱エネルギーに変換された一例です（**図7.1**）．〔W·s〕＝〔J〕です．**熱の単位は〔J〕**です．

2．機械エネルギーに変わると？

> **問題7.2** 定格出力 7.5 kW，50 Hz，4 極の三相誘導電動機が全負荷時に 1400〔min^{-1}〕で運転しているときのトルク〔N·m〕を求めよ．

解答 電動機のトルク T〔N·m〕は，電動機の出力を P〔W〕，回転数を N〔min^{-1}〕とすれば，

$$P = \omega T = 2\pi \frac{N}{60} T \text{〔W〕} \qquad (7 \cdot 2)^{[2]}$$

ただし，ω：角周波数〔rad/s〕

$$\therefore T = \frac{60P}{2\pi N} = \frac{60 \times 7.5 \times 10^3}{2\pi \times 1\,400} = 51.2 \text{〔N·m〕}$$

ここで，〔N·m〕＝〔J〕＝〔W·s〕ですが，トルクの単位は〔N·m〕を使っています．

以上のようにモータは，入力として電源から**電気エネルギー**を受けて，これを**機械エネルギー**に変換して負荷が仕事をする一種のエネルギー変換装置です．モータは，回転運動によって負荷を動かすから**トルク（回転力）**が必要です．すなわち，

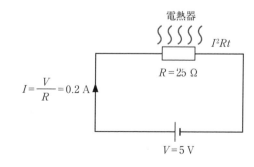

図7.1 電気が熱に

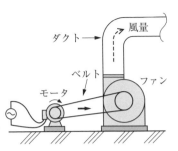

図7.2 モータと負荷

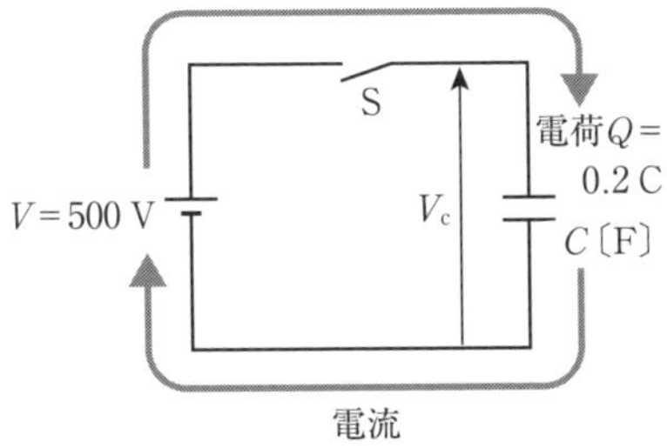

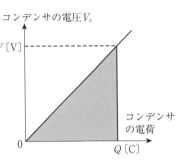

図7.3 コンデンサの充電

図7.4 コンデンサのエネルギー

図7.2のようにファン等の負荷となる機械に**ト
ルク**を与えるには，ベルト・継手等の伝動装置が
必要となります．

3．静電エネルギーに変わると？

> **問題7.3** あるコンデンサに500Vの電圧
> を加えたら0.2Cの電荷が蓄えられたとき，
> このコンデンサに蓄えられたエネルギーは何
> ジュール〔J〕か．

解答 コンデンサC〔F〕にV〔V〕の電圧を
加えたとき，Q〔C〕の電荷が蓄えられたとすると，
コンデンサが蓄えるエネルギー（静電エネルギー）
W〔J〕は，

$$W = \frac{1}{2}QV \ \text{〔J〕} \qquad (7・3)$$

$$= \frac{1}{2} \times 0.2 \times 500 = \mathbf{50} \ \text{〔J〕}$$

ここでQV〔C・V〕（クーロン・ボルト）$= It・V$
〔A・s・V〕$= VIt$〔W・s〕$= VIt$〔J〕で，**1C =
1A**の電流が**1s**間に運ぶ電気量であることが理
解できます．また，電源から供給されるエネルギ
ーW'〔J〕は，

$$W' = QV = 0.2 \times 500 = 100 \ \text{〔J〕}$$

ですが，回路の導線には抵抗があり，コンデンサ
充電中はその抵抗を通じて電流が流れるための**ジ
ュール熱**として消費されます．したがって，

$$\triangle W = W' - W = 100 - 50 = 50 \ \text{〔J〕}$$

となり，供給したエネルギーの半分が**熱エネル
ギー**に変わりました．なお，**図7.3**のコンデン

サの静電容量C〔F〕は，

$$C = \frac{Q}{V} = \frac{0.2}{500}$$

$$= 4 \times 10^{-4} \ \text{〔F〕} = 400 \times 10^{-6} \ \text{〔F〕}$$

$$= 400 \ \text{〔μF〕}$$

と計算できます．

さらに式（7・3）のようにコンデンサの蓄える
エネルギーがQVではなく，$\frac{1}{2}QV$になるのは，
急にQ〔C〕になるわけではなく，時間の経過と
ともに**徐々に蓄えられる**からです．したがって，
コンデンサの電圧V_cも**図7.4**のように**0〜V**
〔V〕へ徐々に上昇していくので，三角形の面積が
エネルギーになると考えてください．

以上の三つの例からSI単位では，**エネルギー
・熱量の単位を**〔J〕とし，力のモーメントの単位を
〔N・m〕としています．**トルク**は，モーメントと
同じですからエネルギーではありません．
（注）

※1 SI単位：国際単位系のことで，国内では計
量法の改正により，1999年10月からSI単位が
採用されている．SI単位は，m（メートル），kg（キ
ログラム），s（秒），A（アンペア），K（ケルビン），
cd（カンデラ），mol（モル）の七つの**基本単位**と，
これらの乗除関係から得られる**組立単位**，接頭語
とSI単位の10の整数乗倍から構成されている．
また，**組立単位**には**基本単位**から直接表されるも
のと固有の名称のものがある．

※2 出力とトルクの関係式：この関係式を使っ
て計算するとき，モータの出力は〔kW〕で与えら
れることが多いので，$\times 10^3$して〔W〕に**換算**して
計算すること．

理論**8**

8 高調波とは？

高調波とは？

A 8

1．高調波とは？

　50 Hz または 60 Hz の商用周波数の正弦波交流波形を基本波といい，周波数が基本波の整数倍の正弦波交流を**高調波**と定義し，周波数が 2 倍のものを第 2 調波，3 倍のものを第 3 調波（**図8.1**），n 倍のものを第 n 調波と呼びます．なお，**高調波**は通常，第 2 調波から第 50 調波までを指し，そ

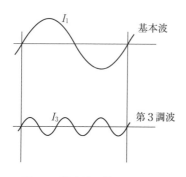

図8.1　基本波と第3調波

れ以上を高周波またはノイズと称します．

2．高調波とひずみ波の関係は？

　基本波に**高調波**が含まれると，その波形はどんな形になるでしょうか．たとえば，基本波と**第3調波**の和は，**図8.2**（a）のような非正弦波，すなわち，**ひずみ波**になります．同図（b）は第9調波まで，同図（c）は第19調波まで，同図（d）は第99調波までの和の波形になります．このように，より高い周波数の**高調波**までを加えると，基本波との和の波形は**方形波**に近くなります．なお，正弦波以外の波形で一定の周期をもって繰り返す交流を**ひずみ波交流**と称するので，方形波も**ひずみ波**になります．

　すなわち，基本波に**高調波**が含まれると**ひずみ波**になり，逆に波形が**ひずみ波**であれば，**高調波**が発生していることになります．

3．高調波が含まれると？

　ひずみ波交流は非正弦波交流の扱いになり，大きさを表すには，正弦波の場合と同じように**実効値**を用います．一般に，**交流の実効値** I_1 は，基本波のみで考えるから，

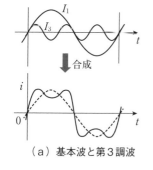

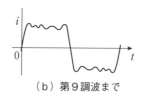
（a）基本波と第3調波

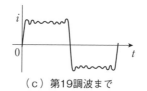
（b）第9調波まで

（c）第19調波まで

（d）第99調波まで

図8.2　基本波と高調波の和の波形

$$I_1 = \sqrt{(瞬時値)^2 \text{の平均}} \qquad (8\cdot1)$$

で表されます．たとえば，図8.2（a）の場合，基本波 I_1，第3調波 I_3 の実効値のひずみ波交流の実効値 I〔A〕は，

$$I = \sqrt{I_1{}^2 + I_3{}^2} > I_1 \qquad (8\cdot2)$$

となり，**高調波**が含まれると**過電流**になります．

4．高調波はどうして発生する？

負荷機器で発生する代表的な**高調波**として，①変圧器や回転機器等の鉄心を有する電気機器の**磁気飽和**による**波形ひずみ**，②家電機器や OA 機器等に主に利用されている**コンデンサインプット形ダイオード整流回路**における入力電流の**ひずみ波形**があります．以上の二つについて少し説明します．①は，変圧器や回転機器等は，**図8.3**（a）のように鉄心入りコイルを持ち，コイルに正弦波電圧 v を加えると電流 i が流れ，同図（b）に示す磁束 ϕ を生じますが，$i-\phi$ 特性は同図（c）のような**ヒステリシス特性**により，同図（d）に示すように電流 i は**ひずみ波形**となります．②の，回路構成は**図8.4**（a）のようになり，電圧のピーク近傍で平滑コンデンサに充電電流が流れる動作となるため，交流入力電流 i の波形は，同図（b）のように，電圧ピーク付近で三角波のとがった波

形になります．このように全波整流であっても入力電流は正弦波にならずに，**ひずみ波形**になります．

問題8.1 次の文章の $\boxed{1}$ ～ $\boxed{4}$ の中に入れるべき最も適切な字句を〈解答欄〉から選び，その記号を答えよ．

　高調波の発生源は，主に，電力変換装置における，整流動作や半導体バルブデバイスの $\boxed{1}$ によるもの，アーク炉などにおける放電現象によるもの，変圧器や電動機などの鉄心の $\boxed{2}$ やヒステリシスによるものに分類される．

　一方，発生した高調波によって過電流，誘導障害，電圧波形ひずみが引き起こされ，これらがさまざまな障害の要因となる．変圧器や電動機など鉄心を有する機器では，$\boxed{3}$ の増大による過熱や異常音，振動が発生する．また，位相制御を行う電力変換装置では，高調波により $\boxed{4}$ や不安定動作が引き起こされる．

〈解答群〉
ア　ハンチング	イ　スイッチング	
ウ　減磁動作	エ　磁気飽和	オ　誤動作
カ　絶縁劣化	キ　誘電損	ク　鉄損

(2011年エネルギー管理士試験)

〔解答〕 　1−イ，2−エ，3−ク，4−オ

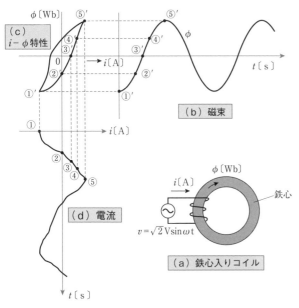

図8.3　鉄心入りコイルの電流波形

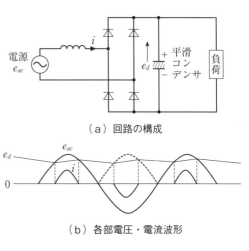

図8.4　コンデンサインプット形ダイオード整流回路の構成と動作波形

9 水槽内配管に穴，電食か？

図9.1のような屋内消火栓ポンプのサクション配管が水槽内で**腐食して穴**があきました．これって**電食**でしょうか．**配管腐食防止の方法**はあるのでしょうか．

現場の実例をもとに説明します．

水槽内配管に穴，電食か？

A 9

1．配管の穴がどうしてわかったか

消火水槽の満水警報が出るため，考えられる原因を調査した結果，最後に残ったのがフート弁の故障でした．そこで，消火水槽を空にして水槽内に入ってフート弁を点検したところ，**フート弁直上部(配管との接合部)配管に穴**があき，水が吹き出していました(**写真9.1**の矢印部分)．

2．配管等の材質と腐食状況は？

サクション配管がSGP（炭素鋼），フート弁が

BC（青銅）で，フート弁直上部のSGP管が腐食して穴があいていました．

3．腐食原因は電食か？

直流式電気鉄道では，電車電流が走行レールを帰線として利用し，変電所に戻る回路を形成していますが，走行レールが大地と電気的に接触しているため一部の電流が大地に流出します．この**漏れ電流**は図9.2のようにガス管，水道管等の地中埋設金属体があった場合，これに流れ込み，変電所近くで再び土中に流れ出して変電所の負極に戻ります．このとき，この**漏れ電流（迷走電流）**が埋設管から土中に流出する箇所で電食が発生します．埋設管は鉄管が対象で，鉄管には鋳鉄管と鋼管があり，同図の＊印の箇所で**電食**が発生します．**電食は土壌中の漏れ電流**が原因で，今回の**水槽内**

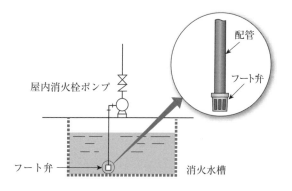

図9.1 屋内消火栓ポンプのサクション配管

写真9.1 消火水槽内で腐食した配管の実例

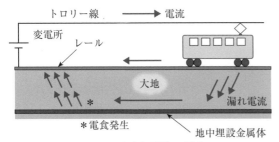

図9.2 地中埋設管の電食

の配管腐食は水中等の**自然環境**で起こる腐食だから**自然腐食**といい，**電食**とは異なります．

4．自然腐食はどのようなものか？

　一般に金属の腐食は金属から土壌や水等の電解質中にその**金属のイオン**[※1]が流出することで発生します．すなわち，金属表面からの**イオンの流出**は，漏れ電流による**電食**のほか，**自然腐食**においても異なる2種類の金属が水等の電解質中で接続されると**局部電池**が構成され，**腐食電流**が金属表面から電解質中に流出するときに起こり，**金属の腐食**が発生します．すなわち，水槽内の配管の腐食は**異種金属接触腐食**と呼ばれています．

5．異種金属接触腐食はどちらが腐食する？

イオン化傾向

　金属が陽イオンになろうとする性質を「**金属のイオン化傾向**」といい，**イオン化傾向**の大きい金属は，電子を失って**陽イオン**になりやすい（酸化されやすい）といえます．金属元素を**イオン化傾向**の大きい順に並べると，

$$K > Ca > Na > Mg > Al > Zn > Fe > Ni > Sn > Pb > (H_2) > Cu > Hg > Ag > Pt > Au$$

となります．これを「**イオン化列**または**電気化学列**」といいます．この**イオン化傾向**の大小は，金属と電解質との間の電位差，すなわち電極電位を比較することによって数字で表すことができます．

　金属がそのイオンと接触しているとき，イオン濃度が1gイオン/Lである場合の金属

と電解質との電位差を**標準電極電位**と称し，標準水素電極を0として，**標準電極電位**を負の大きさの順に並べた**標準電位列**または**電気化学列**があります．

　しかし，**標準電極電位**は特定の条件における金属の腐食傾向なので，実際の腐食環境に近い海水中における金属および合金の自然電位が調べられ，それらを負の大きさの順に並べた**自然電位列**が**表9.1**です．

異種金属接触腐食

　金属は電解質中で表9.1に示す，それぞれ固有の電位を持っており，異種金属を電解質中で接続（接触）させると電位の違いによる**電池作用**により

表9.1　海水中における金属および合金の自然電位列

流速　13ft/s，25℃

金　　属	電位（VvsSCE）
（アノード側，腐食側）	
マグネシウム	− 1.50
亜鉛	− 1.03
アルミニウム（Alclad）	− 0.94
アルミニウム　3S-H	− 0.79
アルミニウム　61S-T	− 0.76
アルミニウム　52S-H	− 0.74
カドミウム	− 0.70
鋳鉄	− 0.61
炭素鋼	− 0.61
430　ステンレス鋼（17 % Cr）（活性）	− 0.57
ニレジスト鋳鉄（20 % Ni）	− 0.54
304　ステンレス鋼（18 % Cr，8 % Ni）（活性）	− 0.53
410　ステンレス鋼（13 % Cr，）（活性）	− 0.52
鉛	− 0.50
ニレジスト鋳鉄（30 % Ni）	− 0.49
ニレジスト鋳鉄（20 % Ni + Cu）	− 0.46
半田（50/50）	− 0.45
スズ	− 0.42
ネーバル黄銅	− 0.40
黄銅	− 0.36
銅	− 0.36
丹銅	− 0.33
青銅（compositionG）	− 0.31
アドミラリティ黄銅	− 0.29
90-10　キュプロニッケル（0.8 % Fe）	− 0.28
70-30　キュプロニッケル（0.06 % Fe）	− 0.27
70-30　キュプロニッケル（0.47 % Fe）	− 0.25
430　ステンレス鋼（17 % Cr）（不動態）	− 0.22
ニッケル	− 0.20
316　ステンレス鋼（18 % Cr，12 % Ni，3 % Mo）（活性）	− 0.18
インコネル	− 0.17
410　ステンレス鋼（13 % Cr）（不動態）	− 0.15
チタン（工業用）	− 0.15
銀	− 0.13
チタン（高純度）	− 0.10
304　ステンレス鋼（18 % Cr，8 % Ni）（不動態）	− 0.08
ハステロイC	− 0.08
モネル	− 0.08
316　ステンレス鋼（18 % Cr，12 % Ni，3 % Mo）（不動態）	− 0.05
黒鉛	+ 0.25
白金	+ 0.26
（カソード側，防食側）	

F.L.LaQue："Corrosion Testing"，ASTM 44th Annual Meeting，P44（1951）

資料提供：日本防蝕工業（株）

金属イオンとなって電解質に溶け出して電流が流れます．この場合，電流が電極から電解質中に流れ出す極を陽極(アノード)，電流が電解質から電極に流れ込む極を陰極(カソード)といいます．

今回のケースでは，表9.1よりBCのフート弁の自然電位が − 0.31 V，SGPの配管の自然電位が − 0.61 Vですから，SGPが陽極，BCが陰極となり，電流が陽極となるSGPから電解質に流れ出るので溶解腐食します．すなわち，電解質中では自然電位の高い金属が陰極，自然電位の低い金属が陽極となって異種金属接触電池が構成されます．確かに，この理論どおり陽極になったSGPの配管が溶解腐食して穴があいていました．

また，異種金属の電位差が大きい組み合わせの方が腐食電流が大きくなって腐食量が大きくなります．

今回の例では，自然電位の差は，

BC(− 0.31 V) − SGP(− 0.61 V) = 0.30 V

と大きくなります．

6. 異種金属接触腐食の防止法は？

（1）二つの金属を同じ材質にすれば異種金属接触腐食はなくなります．また，自然電位の差の小さい異種の金属の組み合わせにすれば腐食量が小さくなります．たとえば，図9.3のように非常用のディーゼル発電機の冷却水槽内のサクション配管がSGP，フート弁がSUSであり，二つの金属の自然電位の差は表9.1より，

SUS(− 0.08 V) − SGP(− 0.61 V) = 0.53 V

と大きく，二つの金属接合部の配管の腐食量が激しかったため，配管，フート弁とも同じ材質のSUSに交換して問題は解決しました．

（2）電気防食法の採用

電解質中の金属の腐食防止に電気防食法は有効な方法です．電気防食法には外部電源方式と流電陽極方式がありますが，今回のケースでは防食対象が小さいため流電陽極方式が適しています．

これは，腐食する金属が鉄なので，鉄よりも自然電位の低い金属(犠牲陽極)を電解質中に挿入してSGPの配管の身代わりとなって消耗し，鉄の防食[2]を行うものです．なお，流電陽極の材料としてMgを使用しましたが，これは消耗品であり，設置場所によりますが，寿命はおよそ5年と言われています(図9.4)．

（3）異種金属の絶縁

絶縁継手の採用も一つの方法です．

（注）

※1 イオン；電気を帯びた原子または原子団のこと．イオンの移動によって電解質に電流が流れる．イオンを表すには，原子または原子団を元素記号で表し，その右肩に陽イオンなら＋，陰イオンなら−の符号を，その帯びている電荷の数とともに表す．

※2 防食；電食とは逆に地中から金属体に向かって電流を流すことにより金属腐食を防止すること．

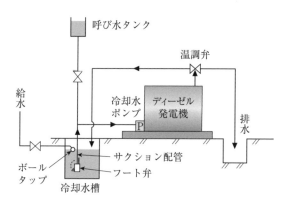

図9.3 非常用ディーゼル発電機と冷却水槽

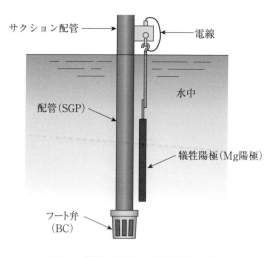

図9.4 電気防食法（流電陽極方式）

コラム **2** 電食

読者の Q&A ①

　「旧ビギナーのための電気Ｑ＆Ａ」のコラム「電食と自然腐食（本書コラム１）」に関連して読者の方から２つの質問が寄せられましたので紹介します.

質問

Q1 BC 製のフート弁と SGP の配管の組合せは，一般によく使用されるのに，このコラムでは異種金属接触腐食により配管の腐食が発生した内容でした. 水槽内では，この組合せは電気防食の必要があるのでしょうか？

Q2 消火設備系統で SGP 配管と BC 製の仕切弁の接続といった場合も上記と同様な異種金属接触腐食が発生しますか？

（BC：青銅，SGP：炭素鋼配管，鉄のこと）

A1 異種金属接触腐食は，別名を**ガルバニック腐食**，あるいは**局部電流腐食**といいます.

　これは電解質溶液中の**局部電池形成**による電気化学的反応で生じる腐食です.

　質問のとおり，BC 製のフート弁と SGP 管の組合せは，一般によく使用されますが，自然電位の差は，

$$BC(-0.31\ V) - SGP(-0.61\ V) = 0.30\ V$$

と大きいため水槽内では**絶縁継手**を使用して絶

写真 B　フート弁直上部に穴があき配管内の水が吹き出しているところ（写真Aの拡大）

写真 A　消火水槽内の腐食した配管

縁を行うか，**電気防食**が必要です. なお，一番よい方法はフート弁と配管を**同じ材料**にすることです.

　しかし，電気防食施工をしないなら，フート弁は BC 製そのままで配管を SUS[※] に交換すれば，電位差が小さくなって腐食は従来より少なくなります.

$$SUS(-0.22\ V) - BC(-0.31\ V) = 0.09\ V$$

　実例としてＢＣ製フート弁と SGP 配管の組合せで**異種金属接触腐食の実例**を**写真Ａ，Ｂ**で紹介します（写真Ｂは，同Ａのフート弁直上部の配管部分に穴があいて水が吹き出しているのがわかります）.

A2 湿式消火設備系統であれば電解質溶液中と考えられるので**異種金属接触腐食発生**の可能性は大きいと考えられます. 乾式であっても水圧テスト後の水が抜けきれていない事例があり，この場合酸素の供給があるため**異種金属接触腐食**の可能性もあります.

（参考文献）設備と管理 2008 年 1 月号 p.62 ～ 65

屋内消火栓設備ポンプサクション配管外面の腐食と対策

※SUS　ステンレスのこと

問題で確認① 理論

問題❶-1

図Aに示す一般的な低圧屋内配線の工事で, スイッチボックス部分の回路は. ただし, ⓐは電源からの非接地側電線(黒色), ⓑは電源からの接地側電線(白色)を示し, 負荷には電源からの接地側電線が直接に結線されているものとする. なお, パイロットランプは100 V用を使用する.

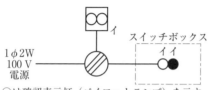

○は確認表示灯 (パイロットランプ) を示す.

図A　問題①-1の図

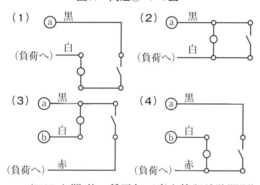

(H27 上期 第二種電気工事士筆記試験問題)

解説・解答▶ 問題の図より確認表示灯であることがわかり, Q2より負荷(問題では換気扇)と確認表示灯が同時点滅の回路を選択すればよいことになります. したがって, 電源に対して負荷と確認表示灯が並列接続されたものにスイッチが直列接続だから図Bになります. したがって, 選択肢は, (4)になります.

〔解答〕 (4)

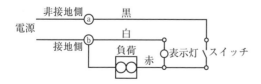

図B　スイッチボックス部の回路

問題❶-2

給湯設備に関する次の文章の◻◻◻内に入る語句の組合せとして, 最も適当なものはどれか.

貯湯槽の性能検査における, 防食装置の点検では, 流電陽極式電気防食が施されている場合には, その ア の状態, 外部電源式電気防食の場合には, イ の設置状態や通電状態の確認と ウ の調整を行う.

	ア	イ	ウ
(1)	犠牲陽極	電　極	防食電流
(2)	犠牲陽極	アース	電　極
(3)	電　極	犠牲陽極	防食電流
(4)	電　極	アース	犠牲陽極
(5)	防食電流	アース	電　極

(H24 建築物環境衛生管理技術者試験問題)

解説・解答▶ 電気防食法についての出題です. 電気防食法には, 流電陽極式と外部電源式の2種類があります. 前者については, Q9で触れており, 犠牲陽極がキーワードであり, 鉄より電位の低い金属, Mg, Al, Zn 等が使用されます.

→アー犠牲陽極

外部電源式は, 図Cのように直流電源を設け, ⊕端子を接地電極に, ⊖端子を被防食体に接続して, 電解質(土壌)を通し防食電流を流す方式です. この方式では, 防食効果の判定に電極の点検や防食電流の調整が必要です.

→イー電極, ウー防食電流

〔解答〕 (1)

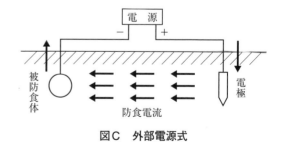

図C　外部電源式

第**I**部

現場の疑問編

第2章

絶縁・接地

絶縁劣化の原因は？

絶縁・接地❶

Q 10

電気設備に関する技術基準を定める省令により，**電路絶縁の原則**が規定されています．しかし，構造上やむを得ない場合であって危険のない場合や異常が発生したときに**接地**等の危険回避の措置がなされている場合は，この**電路絶縁の原則**から除外しています．すなわち，絶縁と接地は表裏の関係です．これから絶縁と接地に関する現場の疑問を取り上げます．

> 機器の絶縁が低下する原因は？

1．機器の巻線と絶縁

三相誘導電動機(以下「モータ」という)は，回転磁界をつくる**固定子**とトルクを得て回転する**回転子**から構成されます．

電源に接続される巻線が一次巻線で，ふつう**固定子巻線**(写真 10.1)になり，巻線には軟銅線の表面に絶縁性の塗料を焼きつけた**エナメル線**が用いられます．モータでは，E，B および F 種の**絶縁材料**が多く使用され，合成樹脂の被覆を施し

たホルマール線，耐熱性の合成樹脂被覆のポリエステル線やポリエステルイミド線等が用いられます．

これらの巻線はきっこう形コイルの形にして，図 10.1 のような**スロット**の中に**絶縁**を施して収められ，動かないようにくさびを入れて固定します．

2．絶縁材料と使用温度

モータ等の機器や電線といった電気を使用するものは，本来の電気の通り道以外に電気が漏れない機能を持つ**絶縁材料**の果たす役割が重要になります．運転しているモータは，巻線の電流によるジュール熱，絶縁材料中の**誘電損**[1]および鉄心中の鉄損による発熱等によって**温度**が上昇します．そのため，**絶縁材料**は，その種類に応じて**許容最高温度**が決められ，耐熱クラスにより Y 種から C 種の 7 種類に区分されています．モータでは E，B および F の**絶縁材料**が用いられるので，この 3 種類の**許容最高温度**と温度上昇限度を表 10.1 に示しました．なお，わが国では周囲温度の基準値は 40 ℃ と定められており，

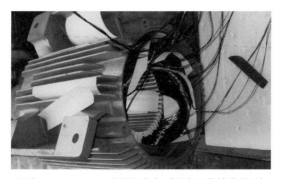

写真 10.1　モータ分解作業中（固定子巻線巻替え）

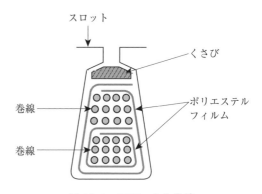

図 10.1　スロットと巻線

表 10.1 絶縁材料と温度上昇限度

絶縁の種類	JIS C 4004 規格		抵抗法による温度上昇限度〔℃〕(固定子巻線)
	許容最高温度〔℃〕	絶縁材料の例	
E 種	120	エナメル線用エポキシ樹脂ホルマールの一部	78
B 種	130	ポリエステル系エナメルエナメル線用けい素樹脂等	80
F 種	155	エステルイミドエナメルエポキシ樹脂系ワニス等	100

$$温度上昇限度＋基準周囲温度 40℃$$
$$＝許容最高温度 \qquad (10・1)$$

となります．しかし，抵抗法の場合の温度計算が**絶縁材料**の**許容最高温度**と 5 ～ 15℃異なります．これは**許容最高温度**が最高点としているのに，抵抗法では平均的温度上昇としているからです．

ここでの**温度上昇限界**は，長時間にわたって安定に運転できる温度上昇値と解釈できるものです．

また，**周囲温度**は 40℃を基準としているので，**周囲温度**が 40℃を超える場合は，式(10・1)より温度上昇限度が下がるので，モータの出力を下げて使用すれば温度上昇が下がります．あるいは周囲温度の高いことが予想できれば，**絶縁の種類**をアップする必要があります．なお，短時間使用あるいは寿命の短縮を覚悟すれば，多少の過負荷運転は可能ですが，**絶縁材料**の寿命的限界や温度上昇によるモータ特性の低下を考えると避けた方が得策です．**絶縁材料**は，使用温度が 10℃上昇するごとに寿命が半減するといわれていますから，モータ等の機器の運転にあたっては，**温度上昇**に十分注意することが大切になります．

3．絶縁劣化の理由は？

モータ等の機器は長い間使用していると，絶縁

表 10.2 絶縁材料の劣化要因

熱 的 要 因 ➡	ヒートサイクル，過熱，変形・枯化
機械的要因 ➡	機械的ストレス，振動，衝撃
電気的要因 ➡	電気的ストレス，常時電圧印加，サージ電圧
環境的要因 ➡	温度，湿度，塵埃，水分等

材料が次第に劣化して寿命を迎えます．この絶縁材料の**劣化要因**はいろいろありますが整理すると**表 10.2** のようになり，これらは単独に存在するものではなく，各要因，各要素が複合して劣化は進行していくので複雑です．すなわち，**絶縁劣化**は複数の要因が関連し合って進行が進み，**絶縁性能**が低下していくことを**絶縁低下**と表現します．

ただし，**絶縁劣化**の原因は前記 2．の説明のとおり，使用中のモータ等の機器の**温度上昇による影響**が最も大きい要因といえます．

4．モータの絶縁低下の実例

実例を二つ紹介します．

一つは，**サージ電圧**による**電気的要因**が招いた**絶縁劣化**で，インバータ運転していた 400 V モータにおいて，故障したインバータを交換したことがモータの**絶縁劣化**につながりました．

これはインバータ素子が IGBT になり，**サージ電圧**が上昇し，モータが旧製品のためサージ対策品でないことが原因でした(『電気 Q&A 電気設備のトラブル事例』の Q11)．

もう一例は，モータは**連続定格**(同 Q10 の銘板規格に「CONT」表示)なのに実際は**反覆定格**の使い方(回転したまま負荷がかかったり 0 になったりを繰り返す使い方)をしていたもので，**熱的要因**が招いた**絶縁劣化**でした．すなわち，巻線の過熱により**絶縁材料**が劣化して**レヤーショート**[※2]から巻線焼損に至りました．

以上の二つとも絶縁抵抗値は異常ありませんでした．この**絶縁良否**の判定は，Q 11 で扱います．

(注)

※1 **誘電損**：絶縁物中のジュール熱というべき熱損失のこと．

※2 **レヤーショート**：層間短絡，巻線の局部的焼損．

Q

11 絶縁の良否の判定は？

絶縁が低下すると**絶縁抵抗**が下がり，**漏れ電流**が多くなります．**絶縁抵抗**と**漏れ電流**はどんな関係にあるのでしょうか．

> 絶縁の良否の判定は？

A 11

1．絶縁抵抗と漏れ電流の関係は？

モータ等の機器の**絶縁抵抗**の測定は，**絶縁抵抗計**（通称メガー）を用います．**絶縁抵抗計**は電池が内蔵されていて直流ですから，**絶縁抵抗**は次式で表すことができます．

$$絶縁抵抗\ R_g〔\mathrm{M\Omega}〕= \frac{直流電圧\ V〔\mathrm{V}〕}{漏れ電流\ I_g〔\mathrm{\mu A}〕} \quad (11・1)$$

実際に低圧の保守管理は，**電気設備に関する技術基準を定める省令**第58条により，開閉器または配線用遮断器で区切る電路ごとに**表11.1**の値以上の**絶縁抵抗値**としています．ただし，**絶縁抵抗計**を使う測定は，あくまでも停電を伴う方法です．

これに対し，停電せずに使用状態のままで**絶縁の良否を判定**する方法として，**漏れ電流計**による**漏れ電流**の測定があります．このときは，**電気設備の技術基準の解釈**（以下「解釈」という）第14条

により，漏れ電流は 1 mA 以下としています．

これは，回路電圧が異なっても漏れ電流が同じになるよう**絶縁抵抗値**の最小値が決められているのです．すなわち，100 V 回路のとき，**絶縁抵抗**が 0.1 MΩ なら式（11・1）より漏れ電流は 1 mA となり，200 V 回路では絶縁抵抗は 0.2 MΩ で，同様に計算すると漏れ電流は 1 mA となります．

2．漏れ電流計の使い方は？

漏れ電流計（通称クランプメータ）は，すべての**漏れ電流**を測定できるわけではありません．測定器ごとに測定範囲を確認し，10 〜 20 mA レンジ付きであるか，リークあるいは漏れ電流測定用クランプメータという名が付けられていれば測定可能です．

漏れ電流を測定するには2通りの方法があります．一つは，三相回路であれば**図11.1**（a）のように3線一括でクランプする方法で，各相の電流は合成されるため打ち消し合って0になります

表 11.1 低圧電路の絶縁抵抗

電路の使用電圧の区分		絶縁抵抗値
300 V 以下	対地電圧 150 V 以下	0.1 MΩ 以上
	その他の場合	0.2 MΩ 以上
300 V を超えるもの		0.4 MΩ 以上

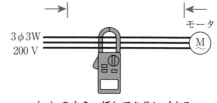

（a）3本を一括してクランプする

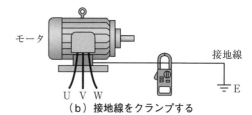

（b）接地線をクランプする

図 11.1 漏れ電流計の使い方

が，絶縁のよくない状態のときだけ**漏れ電流**が現れます．なお，各相ごとに1線ずつクランプすると**負荷電流**の測定ができます．

また，同図（b）のようにモータ等の機器の**接地線**をクランプすると**漏れ電流**の測定が可能です．後者の測定は，本来的には変圧器バンクごとの漏れ電流を，B種接地工事の接地線をクランプして一括測定する方法です．

3．漏れ電流のメカニズムは？

低圧電路における機器が絶縁不良状態のときの**漏れ電流** I_o の流れ方を単相2線式回路で示したのが**図11.2**（a）です．同図より**漏れ電流** I_o は，抵抗成分漏れ電流 I_{or} と対地静電容量成分漏れ電流 I_{oc} の合成となります．ここで，I_{or} は機器（負荷）の対地絶縁抵抗 R を通して流れる電流で，**漏れ電流の有効成分**です．I_{oc} は正常な機器でも多少は流れており，変圧器から機器（負荷）が離れる（電線の長さが長い）ほど大きくなります．なお，交流ですから I_{or} と I_{oc} は位相が異なるため，I_o は I_{or} と I_{oc} の単なる足し算ではなく，同図（b）のように**ベクトル和**になります．したがって，

$$I_o = \sqrt{I_{or}^2 + I_{oc}^2} \qquad (11\cdot2)$$

となります（I_o **方式**という）．ここで**真の漏れ電流**はほぼ I_{or} に近く，**漏れ電流**には，このほかに対地静電容量による電流が含まれるため，正確には式（11・1）のように**絶縁抵抗値**に換算できません．

しかし，解釈では，対地静電容量による電流の影響を含めた**漏れ電流**が1 mA以下なら，対地

絶縁抵抗による電流は基本的にこの値より小さくなるので，表11.1の基準と同等以上の絶縁性能を有しているとみなしています．

4．測定値は同じか？

絶縁抵抗計で測定した**絶縁抵抗値** R_m〔MΩ〕と**漏れ電流計**による漏れ電流から式（11・1）で計算した**絶縁抵抗** R_g〔MΩ〕は，理論上は同じですが実際はどうでしょうか．結論から先に言うと，$R_m > R_g$ です．すなわち，**絶縁抵抗計の測定値はかなり大きい数値が出てきます**．

まず，**漏れ電流計**の測定値は，図11.2（b）の I_o ですから対地静電容量による電流 I_{oc} の影響を受けています．また，絶縁抵抗計の絶縁抵抗は，1．で記述したとおり直流測定ですから，同図（b）の I_{or} より小さな値になります．この I_{or} は，交流電流 I_o の抵抗成分漏れ電流ですから，

$$I_d < I_{or} \qquad \text{ただし，}I_d \text{は直流漏れ電流}$$

以上の説明で二つの測定値は，**絶縁抵抗値**あるいは**漏れ電流**に換算しても**イコールではない**ことがわかりました．また，どちらの測定も**真の漏れ電流**を測定していないことになります．しかし，このことは**漏れ電流**が非常に小さい値であって，定期点検における**絶縁抵抗測定**はトレンドとして参考になりますし，これを不定するものではありません．さらに漏電遮断器が動作するような絶縁不良であれば，漏れ電流が大きいのでどちらの測定も非常に参考になります．

5．絶縁の良否の判定は？

絶縁不良が部分的に発生している絶縁・接地のテーマ①で取り上げた**モータの絶縁低下**の二つの実例では，**絶縁抵抗計**では良否の判定ができませんでした．これは上記4．で説明したように絶縁抵抗計で測定した**絶縁抵抗値が真の値より大きい**ことによると考えられます．それでは，二つの実例をどうして異常と判定したのか，Q12に述べることにします．

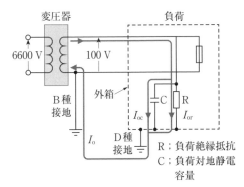

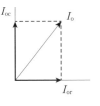

I_o ：漏れ電流
I_{or} ：抵抗成分漏れ電流
I_{oc} ：静電容量成分漏れ電流

R：負荷絶縁抵抗
C：負荷対地静電容量

（a）漏れ電流の流れ方 　　（b）漏れ電流の分解（成分）

図11.2　漏れ電流のメカニズム

Q 12 絶縁不良がわかる方法とは？

絶縁抵抗計が示す絶縁抵抗値が正常なのに「絶縁・接地①」のテーマで取り上げた二つのモータの絶縁低下の実例をどうして異常と判定できたのかについて解説します.

> 絶縁抵抗値が正常なモータを異常と判定した意外な方法とは？

1. モータの絶縁低下の実例

実例 1 11 kW 用モータのインバータが過負荷で瞬時トリップ！（図 12.1）

制御盤内モータ端子台 U，V，W それぞれと盤内接地端子間の絶縁抵抗値はいずれも 100 MΩ 以上で正常でした. また, 念のためのケーブル配線の点検結果も異常なしでした.

実例 2 2.2 kW 用モータがサーマルトリップ！（図 12.2）

実例 1 と同様に, 制御盤内モータ端子台 U，V，W それぞれと接地端子間の絶縁抵抗値はいずれも 100 MΩ で正常でした.

2. モータを異常と判定した意外な方法とは？

Q 11 より, 絶縁抵抗計の測定値から計算した漏れ電流より, 漏れ電流計による漏れ電流の方が大きいので, 漏れ電流計で測定すれば漏れ電流が現れるのでは, と思う読者も少なくないと思います. しかし, 二つの実例とも運転すると瞬時にトリップするので, 残念ながら漏れ電流計の測定は不可能でした. それではどのような方法で異常と判断したかというと, テスタで巻線間のコイル抵抗値を測定したのです.

実例 1 デジタルテスタで測定した結果, U－X；1.04 Ω, V－Y；1.06 Ω, W－Z；2.06 Ω となり, W－Z間コイル抵抗値がほかよりかなり高く, 約 2 倍でした.（参考；設計値 1.281 Ω ±10 %, at 20 ℃）

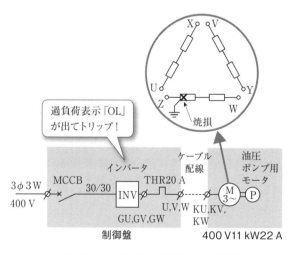

図 12.1　油圧ポンプ用モータ主回路

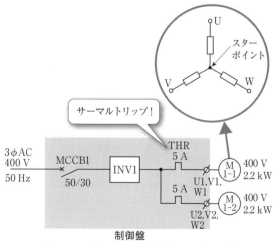

図 12.2　クレーン走行用モータ主回路

実例2 アナログテスタで測定した結果, U－V；3.7 Ω, V－W；1.7 Ω, W－U；4.9 Ω とかなりアンバランスでした.

以上より, 実例1, 2ともテスタで測定したモータの巻線間のコイル抵抗値のアンバランスのため, 筆者はこれを**異常と判定**しました.

3. 本当に絶縁不良だったのか？

二つの実例とも追跡調査のため, モータを製造者サービスステーションもしくは製造者工場に持ち込み, 詳細な調査を行うことができました.

実例1 絶縁抵抗は, 対地間でU, V相は2 000 MΩ 以上, W相は5 MΩ と低下していました. 相間絶縁は各相間とも2 000 MΩ 以上でした. コイル抵抗値は筆者の測定とほぼ同じで, やはりW－Z 間がかなり高い値を示しました. 状況はW相の**レヤーショート**から**部分焼損**に至ったものでした.

実例2 絶縁抵抗は, 対地間でいずれの相も100 MΩ 以上で正常でした. 巻線抵抗値はU－V；3.61 Ω, V－W；0.64 Ω, W－U；4.03 Ωで, 設計値は4.98 Ω ±10 %, at10 ℃により, いずれも不良という判定でした. 次に図12.2のようにモータの結線のスターポイントの接続部をほどいて各相間の**絶縁抵抗**, 各相の**巻線抵抗値**を測定した結果, **V－W；0 MΩ**, ほかは正常, W－スターポイント間が2.13 Ω で不良, ほかは2.45 Ω で正常でした. 状況は, **V相とW相コイルが短絡してコイルの溶着**となり, W相コイルの**巻線抵抗値の異常**となったものでした.

以上は絶縁抵抗低下という点に着目して述べてきましたので, 実例1, 2の故障原因について興味があれば, オーム社刊の拙著『電気 Q&A 電気設備のトラブル事例』を参照してください.

4. 絶縁良否を判定する方法はないのか？

結果的には前者は**絶縁低下**, 後者はV－W相間の**絶縁抵抗不良**でした. しかし, 絶縁抵抗計では正常を示し, 製造者の工場に持ち込んでの分解調査によって, ようやく原因がわかりました. 筆者が異常と判定した方法は**テスタ1台**です. この

ことは大きな収穫で, メンテナンス技術の伝承として後輩に教えました. 注意することは**デジタルテスタ**では, **レヤーショート**が発生していると数値が激しく動き読み取れません. そうしたときは**アナログテスタ**が有効です.

5. 低圧電路の絶縁状態監視装置とは？

平成12年4月1日に示された資源エネルギー庁通達「主任技術者制度の運用について」の解釈指針で述べられているのが低圧電路の**絶縁状態監視装置**です. これは, 変圧器二次側のB種接地線に流れる漏れ電流を監視する装置で, I_o方式とI_{gr}方式の2種類があります. いずれも**漏れ電流**が50 mA 以上に達したときに警報を発するものです.

したがって, **変圧器バンク**ごとに50 mA 未満の漏れ電流の管理が要求され, 保安協会や電気管理技術者に電気保安業務を委託する小規模な事業所に適用されます. I_{gr}**方式**とは低周波低電圧交流電源をB種接地線に加え, **漏れ電流**のうち対地絶縁抵抗成分のみを分離して計測します（図12.3）. したがって, 静電容量成分を除外しているので**真の漏れ電流**といえます. I_o方式のI_oはQ 11 を参照してください.

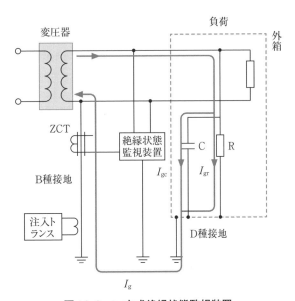

図12.3 I_{gr}方式絶縁状態監視装置

絶縁・接地❹

13 変圧器の接地は？

変圧器の低圧電路，すなわち二次巻線はB種接地工事を施すことが原則とされています．

しかし，二次巻線を非接地とする場合もあります．

変圧器の二次巻線は接地する？

1．接地する場所は？

変圧器の接地は，接地する場所により図13.1のように通常の状態においては充電されていない部分の接地（充電部に施す接地以外の接地），すなわち電技解釈※1で定める A 種接地と，電路に施す接地（充電部の接地），つまり電技解釈で定める B 種接地に分けられます．前者の目的は感電事故防止，後者はQ 10の冒頭で解説した「電路絶縁の原則」に反する例外規定で高低圧が混触したとき

に低圧電路に高電圧が進入することによる危険防止のためです．

2．変圧器の一次巻線の接地は？

高圧受電の場合，非接地方式と称され，自家用構内での接地は電気事業者の地路保護方式より禁止され，電気事業者も非接地方式とされています．

しかし，変圧器の一次巻線は，図13.2のように自家用構内では DGR 付 PAS（地絡方向継電装置付高圧交流負荷開閉器）内の ZPD（零相基準入力装置）を通じて接地されています．また，この自家用の電源側，すなわち電気事業者も配電用変電所内の EVT（接地形計器用変圧器）を通じて，実際は高抵抗によって接地されています．

零相電圧の検出には，自家用は ZPD にコンデンサが使用されています．これについては，Q 28（受変電・機器⑨）で再度取り上げます．

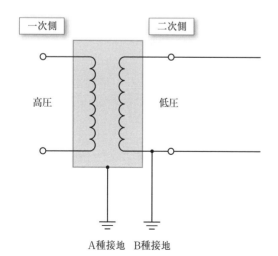

図 13.1　変圧器の接地

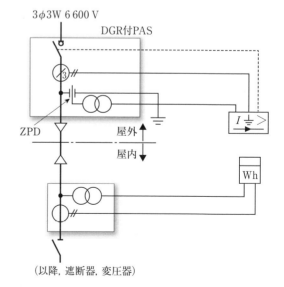

図 13.2　自家用の DGR 付 PAS

3．変圧器の二次巻線の接地は？

変圧器一次電圧が高圧で，二次電圧を低圧に降圧して使用する場合は，変圧器の二次巻線，すなわち低圧電路で変圧器の内部故障または電線の断線等の事故が発生したとき，**高圧との混触**を起こし高圧の電流が進入して危険になることがあります．

このため電技解釈第24条に，この保護の方法として**B種接地工事**を施すべきことが定められていますが変圧器の二次電圧，結線により**接地の方法**が異なり，まとめると**表13.1**のようになります．

なお，二次電圧が520V以上の場合には対地電圧が300Vを超過するため，**一端接地は禁止**されています．

4．混触防止板付変圧器とは？

変圧器は，**図13.3**のように鉄心の外側に，二次巻線，一次巻線が巻かれ，この一次巻線と二次巻線の間は十分な絶縁が施されて製作されます．

混触防止板付変圧器は，万一，この絶縁が損傷しても問題ないように，一次巻線と二次巻線の絶

表13.1　変圧器の二次巻線の接地の方法

一次電圧	二次電圧	二次側結線	接地の方法
高圧	300V以下	△	・△の一端をB種接地する
		Y	・中性点またはYの一端をB種接地する
		単二単三	・中性点または端子の一端をB種接地する
	300V超過	△	・混触防止板付変圧器使用 ・△の一端接地は禁止
		Y	・中性点をB種接地する ・混触防止板付変圧器使用 ・Yの一端接地は禁止
		単二	・混触防止板付変圧器使用 ・電路の一端接地は禁止
		単三	・中性点をB種接地 ・電路の一端接地は禁止

縁の間に挿入した良導性の**金属板**の**混触防止板**が図13.3のように一次巻線と二次巻線の間の全周にわたり配置され，**B種接地工事**を施します．したがって，一次6.6kV，二次400Vの変圧器の二次側結線は，必ずY結線として，その中性点に**B種接地工事**を施しますが，やむなく二次側結線を△巻線にすると二次電圧は300V超過の400Vとなり，表13.1より接地ができないため**混触防止板付変圧器**を採用することになります．また，低圧電路を**非接地配線方式**にしたい場合も**混触防止板付変圧器**が採用されます．この低圧の非接地配線方式は，Q14で扱います．

5．一次，二次とも低圧の変圧器の接地は？

高圧から一度400/200Vに降圧して，さらに，この400/200Vより200/100Vに降圧する**タイトランス**[※2]を使用するような回路の二次側にはB種接地工事の施設義務はありませんが，**外箱接地**の義務は生じます．しかし，この二次側の保護装置の確実な動作を図るため特に必要な場合は，**接地**することができるとしています．

（注）

※1　**電技解釈**；Q1の※1参照．

※2　**タイトランス**；タイは英語のTieでつながりの意味，連絡変圧器のこと．

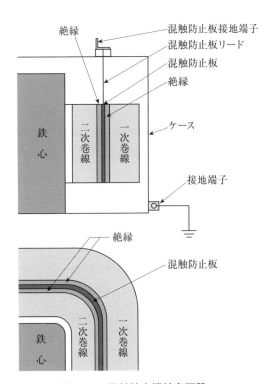

図13.3　混触防止板付変圧器

Q 14 非接地配線方式とは？

屋内**低圧電路**は，Q 13 で解説したとおり，電源に**系統接地**（B 種接地工事）を施した**接地配線方式**が一般的で，地絡事故時には漏電遮断器によって電源を遮断して事故防止を図っています．しかし，安全上の見地から**低圧電路**を**非接地回路**とする場合があります．

> 非接地配線方式とは？

A 14

1．非接地回路とは？

低圧電路の**接地配線方式**は，中性点または一端子に **B 種接地工事**を施すので，**非接地回路**と比較すると感電または漏電事故のリスクが多くなります．そのため，石油化学工場，鉱山，造船所等の事故に伴う危険度の大きいところや病院のように電源の遮断が望ましくないケースがある業種では**非接地回路**を採用するケースがあります．

このように低圧電路を**非接地系**としたい場合に

図 14.1 のように**混触防止板付変圧器**が採用されます．**混触防止板付変圧器**を使用する場合は，**混触防止板**に **B 種接地工事**を施すことで高電圧が低圧電路に侵入することを防止できるので，**非接地回路**にできます．また，**混触防止板**の一端は変圧器外箱に接続されているため A 種および B 種接地工事の両方とも満足する**接地工事**を施す必要があります．しかし，通常の **B 種接地工事**で想定される低圧電路の**漏えい電流**が流れることはなく，低圧電路の漏電時の変圧器外箱の**電位上昇**を生じるおそれはありません．このため，**非接地回路**は，接地配線方式に比較して地絡事故の検出が困難になることが欠点です．

2．病院の特殊性と電気設備

病院は，最近の高度医療機器を安全に使用するため，**信頼度の高い電源システム**の構築と**高度な医用接地方式**が求められます．前者は別の機会に委ねることにして，ここでは後者の概要を紹介します．病院の電気設備の基準は，まず電技と電技解釈に加えて，**医用電気機器**を使用する場合の安

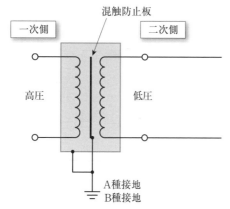

図 14.1　混触防止板付変圧器を使用した非接地回路

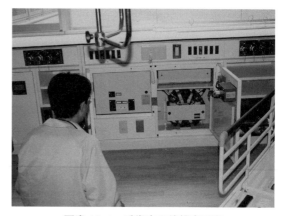

写真 14.1　手術室の絶縁変圧器

全基準として，JIS T 1022-2006（病院電気設備の安全基準）があり，医用接地方式と非接地配線方式について規定されています．また，商用電源停電時の医用電気機器に対する非常電源についても規定されています．

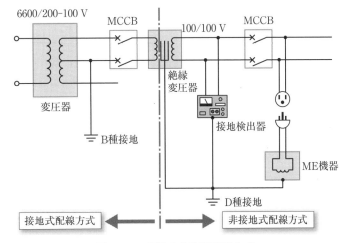

図14.2　病院の非接地配線方式

3．医用接地方式

工学を応用した医療機器を ME 機器と呼び，そのほとんどは電気で動く機器で，電気で動く ME 機器を医用電気機器と称します．

この医用電気機器は安全性が要求され，すべての医用電気機器は電撃に対する保護が求められます．

人間は商用交流の場合，1 mA で感電し，そうした電撃の中で最悪なのは心臓に対する刺激です．このような体表における電撃をマクロショックといい，心臓カテーテル検査等のように医用電気機器の一部で心臓を直撃する電撃が生じるようになり，この場合はわずか0.1 mA で心室細動[1]が誘発されるため，この特殊な電撃をミクロショックといいます．そこで，マクロショックを防止するため医用室[2]に保護接地の設備を設け，露出導電性部（金属）の医用電気機器を接地します．さらにミクロショックを防止するために医用室に等電位接地を施すことを規定しています．このような保護接地または等電位接地を施すための接地設備を医用接地方式といいます．

4．非接地配線方式

病院では，生命維持装置や手術室の電源が漏電遮断器や過電流遮断器によって遮断されることで人命に影響することがあります．そのため，図14.2のように絶縁変圧器（アイソレーショントランス，写真14.1）を使用し，単相100 V2 線式の二次側電路を接地しない非接地配線方式とするように規定されています．非接地配線方式であれば，一線地絡事故時でも手術等一定の時間，地絡電流を小さくできるので，電源の遮断なしで医用電気機器に電力を供給できます．

写真 14.2　病院の絶縁監視装置

非接地配線方式は，電源を遮断しない代わりに事故時には表示灯と音響による警報装置が作動する絶縁監視装置（写真14.2）の設置が規定されています．また，非接地配線方式とする医用室内に非接地電源用分電盤を設けることも規定されています．
（注）
※1　心室細動；心臓が小刻みに震え血液が送れなくなる状態．
※2　医用室；診療，検査，治療，監視等の医療を行うための室．

15 電子回路の接地とは？

「接地」という用語は，電気技術者だけでなく，世の中に広く浸透し，通称「**アース**」と呼ばれています．では接地とはどのような意味を持つのでしょうか．さらに「**電子回路の接地**」は，従来の接地の考え方と同じでしょうか．

電子回路の接地とは？

1．接地の意味は？

英語では Earth，Ground で，**アース，グラウンド**と読み，それぞれ**地球，地面（大地）**の意味になります．しかし，接地の本来の意味は**大地に接続する**ことで，大地は導体です．**大地に接続する**のには，**図 15.1** のように地中に埋めた銅板や銅棒が使われ，これらは**接地電極**と呼ばれます．なお，接地される機器と接地電極を結ぶ電線が**接地線**です．ここで接地の良否を判定できるのが**接地抵抗**であり，**接地抵抗は低いほど良好な接地**とい

えます．

2．接地の目的は？

接地の目的は，Q 13 で説明したように感電事故防止，危険防止等対象によりさまざまです．

一般的には，電気機器の絶縁劣化により図15.2 のように筐体（きょうたい）に漏れ電流が流れると，筐体に触れれば**感電**することになり危険です．すなわち，人間は大地とほぼ同電位のため大地（アース）を基準とする筐体の電圧（対地電圧）が加わって**感電**します．しかし，筐体を**接地**すれば，理論的に筐体と大地がほぼ同電位になり，感電事故のリスクが減少します．実際は，図 15.2 のような R_D，R_B という抵抗があり，その比率により人間に電圧が加わることになります．

3．グラウンドと接地

電子回路では，**アース**より**グラウンド**という用語が多く使われます．電子回路の基準（0 V）となる場所が**グラウンド**（記号 GND），大地に接続す

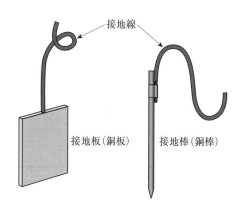

図 15.1　大地に接続するとは？

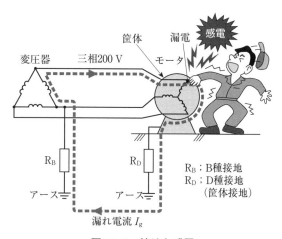

図 15.2　接地と感電

ることを**接地（アース）**といい，電子回路では，この二つの用語を区別しています．

また，**グラウンド**は電子回路の信号や電源の戻り線であるので，電流が流れているところが従来の**接地**の考え方と大きく違います．このことから**シグナルグラウンド**と呼び，その電圧をより安定させるために大地に接続することがあります．これを**フレーム接地**に対して**シグナル接地**と呼びます．なお，**フレーム接地**は，前出２．の説明のように感電災害防止のための安全を目的とする**接地**です．ここで，**図15.3**に接地の記号を示します．（ａ）が**フレーム接地**，（ｂ）が**シグナル接地**，（ｃ）が**シグナルグラウンド**として使われる記号です．

４．電子回路の接地は？

図15.4は，npn形バイポーラトランジスタ[1]を用いたエミッタ接地CR結合増幅回路[2]です．この回路において直流にしても交流である信号電流にしても，必ず往路と帰路が必要になります．同図の**接地の記号**の部分が共通部分でもあり，帰路を示します．したがって，この接地の記号の帰路は，大地に接続する必要はなく，金属製のフレーム（筐体），配線や基板を支える金属シャーシーに接続すればよいのです．このように電子回路の**シグナル接地**は，配線の近いところにある大きな電気の導体である**金属板**に接続することによって，その役割を果たすことができます．

フレーム接地との関係

電子回路は，ほとんど導電性のフレームに収容

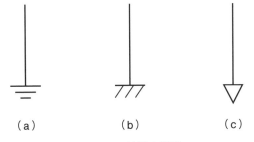

（ａ）　　　　　（ｂ）　　　　　（ｃ）

図 15.3　接地の記号

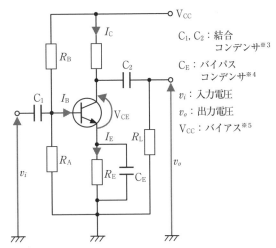

C_1, C_2：結合
コンデンサ[3]

C_E：バイパス
コンデンサ[4]

v_i：入力電圧
v_o：出力電圧
V_{CC}：バイアス[5]

図 15.4　エミッタ接地 CR 結合増幅回路

されます．これは，導電性のフレームは**シールド**[6]の役割をするので，**ノイズ対策**になるからです．

このフレームは，通常接地します．ここで，**フレーム接地**と**シグナル接地**との関係が問題として登場します．この関係は，**図15.5**のように4通

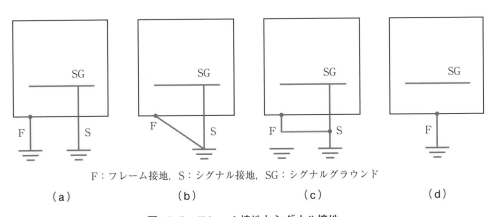

F：フレーム接地，S：シグナル接地，SG：シグナルグラウンド

（ａ）　　　　　（ｂ）　　　　　（ｃ）　　　　　（ｄ）

図 15.5　フレーム接地とシグナル接地

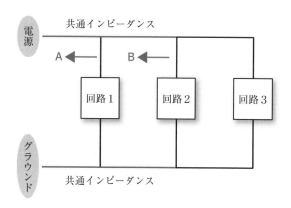

図15.6 共通インピーダンス

りの組み合わせが考えられます．どの方式が一番よいかはノイズによって異なります．**フレーム接地**と**シグナル接地**は，同図（a）のように切り離しても高周波的につながります．すなわち，**ノイズ**[7]は，**フレーム接地**と**シグナル接地**の間を，互いに伝わります．したがって，この二つは，切り離しても意味がないため，（b）か（c）がベターということになります．しかし，（c）は**共通インピーダンス**[8]（図15.6）が存在するので，（b）の方式がノイズ対策上，最も優れている方式になります．

5．シグナル接地の方法は？

シグナル接地は，理想的にはインピーダンスが0であることが望ましいのです．しかし，あらゆる導体はインピーダンスを持つため理想的にはなりません．したがって，**ノイズ対策**上から，**シグナル接地**の方法が重要になります．

シグナル接地は，大きく分けると**図15.7**の1

点接地と図15.8の**多点接地**があります．**1点接地**には，直列接続と並列接続があり，一般的には並列接続が望ましいです．また多点接地は，複数の回路の接地線を最も最短距離にある低インピーダンスのグラウンドに接続します．この方法は高周波に適します．なお，**1点接地は共通インピーダンスをなくすために考えられた方式です．**

（注）

※1 **バイポーラトランジスタ**；バイポーラは，bipolarと書き，両極性という意味．電気の伝導に正孔と電子の二つのキャリヤが関与している．

※2 **CR結合増幅回路**；多段増幅回路の段間をコンデンサと抵抗で結合した回路のこと．

※3 **結合コンデンサ**；直流分を阻止し，交流信号分だけを通すコンデンサ．

※4 **バイパスコンデンサ**；交流信号分に対して抵抗R_Eを短絡し，エミッタを接地するためのコンデンサ．

※5 **バイアス**；直流電圧をかけること．

※6 **シールド**；遮へい，ノイズを阻止する手段．

※7 **ノイズ**；雑音のこと．高周波や信号に妨害を与えるもの．インピーダンスに電流が流れると電圧が発生する．この電圧がノイズ．

※8 **共通インピーダンス**；いくつかの回路共通部分を持つとき，この**共通部分のインピーダンス**のこと．たとえば，図15.6でAの部分は回路1～3，Bの部分は回路2と回路3の共通インピーダンス．

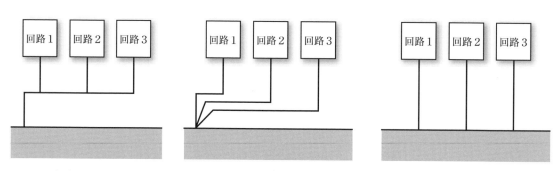

（a） 直列接続　　　　　　（b） 並列接続

図15.7 1点接地　　　　　　　　　図15.8 多点接地

コラム 3　CとL

コンデンサ，コイルは，直流，交流に対して，どのように作用するか？

　コンデンサCとコイルLについて，多くの方が日常，疑問に思っていることを取上げ，少しでも解決の糸口になればと整理しました．

1．コンデンサとは？

　コンデンサは，**図A**のように2枚の金属板(極板)を向かい合わせたものに絶縁物が挿入されたもので，**電気を蓄える**ことができます．

　この電気を蓄える量を**電荷**とか**電気量**と呼び，Qという記号で表し，単位は**クーロン**〔C〕です．**電荷**は，電圧V〔V〕を加えたとき，コンデンサの能力を表す**静電容量**Cに比例します(図A参照)．

　したがって，**静電容量**がコンデンサの蓄えられる**電気量**の能力を表し，図Aの式①が示すように金属板の面積Sと距離dそれに金属板間に挿入する絶縁物によって決まります．

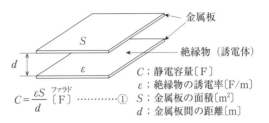

$C = \dfrac{\varepsilon S}{d}$ 〔F〕 …………①

C：静電容量〔F〕
ε：絶縁物の誘電率〔F/m〕
S：金属板の面積〔m²〕
d：金属板間の距離〔m〕

図A　コンデンサと静電容量

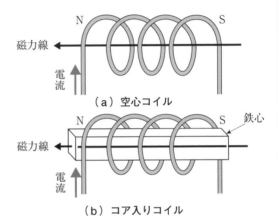

（a）空心コイル

（b）コア入りコイル

図B　コイルと磁力線

2．コイル？

　コイルは，電流が流れると**アンペアの右ねじの法則**によって磁力線ができます．

　図Bは，コア(鉄心)のない空心コイルとコア入りのコイルを示しました．このコイルの能力は，**インダクタンス**で表され，記号はLを使い，単位は**ヘンリー**〔H〕です．図Bで，**インダクタンス**Lは，（a）と（b）でどちらが大きいかというと，（b）のコア入りです．

3．直流に対しては？

　コンデンサは，絶縁物であるため抵抗とみなすと無限大になるから電流は流れません．一方，**コイル**の方は，抵抗とみなすと無限小になるから電流は流れます．しかし，両方とも抵抗との直列回路を考え，スイッチを入れた直後の現象(**過渡現象**)では，電流がコンデンサでは流れ，コイルでは流れません．

4．交流に対しては？

　周波数をf〔Hz〕とすると，コンデンサ，コイルを電流を妨げる一種の抵抗とみなして**リアクタンス**X〔Ω〕を定義します．電圧をV〔V〕とすれば電流I〔A〕は，

コンデンサでは，$X = \dfrac{1}{2\pi f C}$〔Ω〕 ………②

$\therefore I = \dfrac{V}{X} = 2\pi f C V$〔A〕

コイルでは，$X = 2\pi f L$〔Ω〕……………③

$\therefore I = \dfrac{V}{X} = \dfrac{V}{2\pi f L}$〔A〕

　したがって，**コンデンサ**では，**静電容量**が大きいほど，高い周波数ほど電流は大きく流れ，**コイル**では，**インダクタンス**が大きいほど，高い周波数ほど電流は流れなくなります．

Q16 漏れ電流の正体は？

絶縁・接地❼

機器の絶縁がよくないと**漏れ電流**が流れます（Q 11 参照）．したがって，モータは絶縁低下により**漏れ電流**が流れます．今回は，**三相回路**における**漏れ電流**の正体に迫ります．**漏れ電流**が流れると漏電遮断器内の**零相変流器**がそれを検出してトリップしますが，**漏れ電流**が流れると**零相電流**が流れているのでしょうか．

> **漏れ電流の正体は？**

1．漏れ電流が流れているということは？

図 **16.1** は，三相回路におけるモータの地絡によって**漏れ電流**が流れていることを示します．

図 16.1 より，漏れ電流 $\dot{I}_g$ は，

$$\dot{I}_g = \dot{I}_a + \dot{I}_b + \dot{I}_c \tag{16・1}$$

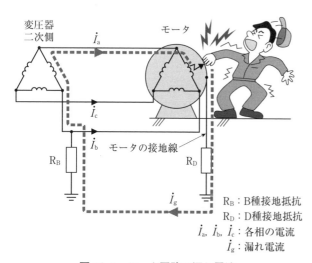

図 16.1　モータ回路の漏れ電流

2．正常な回路では？

三相交流は，大きさが等しく，120°ずつの位相差を持つ三つの単相交流と同等ですから，図 **16.2** のように三つの正弦波になります．このように大きさが等しく，位相差が120°ずつの三相交流を**対称三相交流**といい，大きさが等しくないものや位相差が120°でないものを**非対称三相交流**といいます．対称三相交流では，図 16.2 でどの瞬間でも各相 i_a, i_b, i_c を加えると 0 になります．たとえば**最大値** 10 A とすると，同図①の点では，

$i_a = 10$ A，$i_b = i_c = -5$ A ですから，

$i_a + i_b + i_c = 0$

同様にして②の点でも

$i_a + i_b + i_c = 5 + 5 + (-10) = 0$

となります．

三相交流を**実効値**で表すと，図 **16.3** のように**ベクトル**で表示できますから，

$$\dot{I}_a + \dot{I}_b + \dot{I}_c = 0 \tag{16・2}$$

となり，Q 11 の漏れ電流計の指示が正常な回路であれば 0 になることが納得できます．

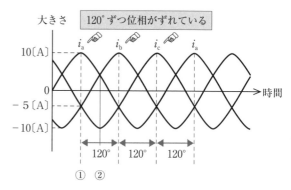

図 16.2　三相交流電流

3．平衡三相回路とベクトルオペレータ

電源が対称で負荷が平衡している回路を**平衡三相回路**といい，図 16.4 のような a なる**ベクトルオペレータ**を使うと 120° ずつ位相差があることを簡単に表現できますし，計算も簡単になります．すなわち，あるベクトルに a を掛けると，そのベクトルの大きさはそのままで位相が 120° 進み，a^2 を掛けると位相が 240° 進みます．

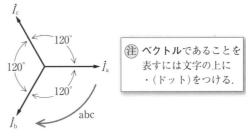

㊟ **ベクトル**であることを表すには文字の上に・(ドット)をつける．

図 16.3　三相交流のベクトル

図 16.4　ベクトルオペレータ

4．不平衡三相回路の扱いは？

負荷が不平衡のとき，これを**不平衡三相回路**といい，扱いが面倒なので，対称座標法という数学手法を使って**平衡回路**に置き換えて計算します．

対称座標法

対称座標法は，図 16.5 のように**不平衡三相回路**の計算にあたって，**零相分**，**正相分**，**逆相分**という三つの**対称分**に分解して，それぞれ**対称分**ごとに計算して解を求めるものです．

したがって，式(16・2)が成り立つ**平衡三相回路**では，正相分 $\dot{I}_1$ のみで，零相分 $\dot{I}_0$，逆相分 $\dot{I}_2$ は 0 です．また，**不平衡三相回路**は三つの対称分に分解できますが，零相分は 0 かきわめて小さい値となります．図 16.5 のようなモータ回路で不平衡があると，正相分 $\dot{I}_1$ によるトルクと逆相分 $\dot{I}_2$ によるトルクは互いに逆ですから，そのトルクの差が出力になるので，正規の出力を出すためには**余分な電力**を消費します．

$(\dot{I}_1 > \dot{I}_2)$

最後になりましたが，式(16・1)が成り立つ**漏れ電流**ですが，

$$\dot{I}_a + \dot{I}_b + \dot{I}_c = 3\dot{I}_0 \qquad (16 \cdot 3)$$

となり，**零相電流の 3 倍**となり，中性点が接地していないと零相電流は流れることができません．

不平衡電流を三つの対称分に分解する

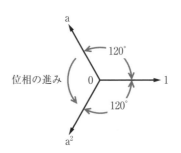

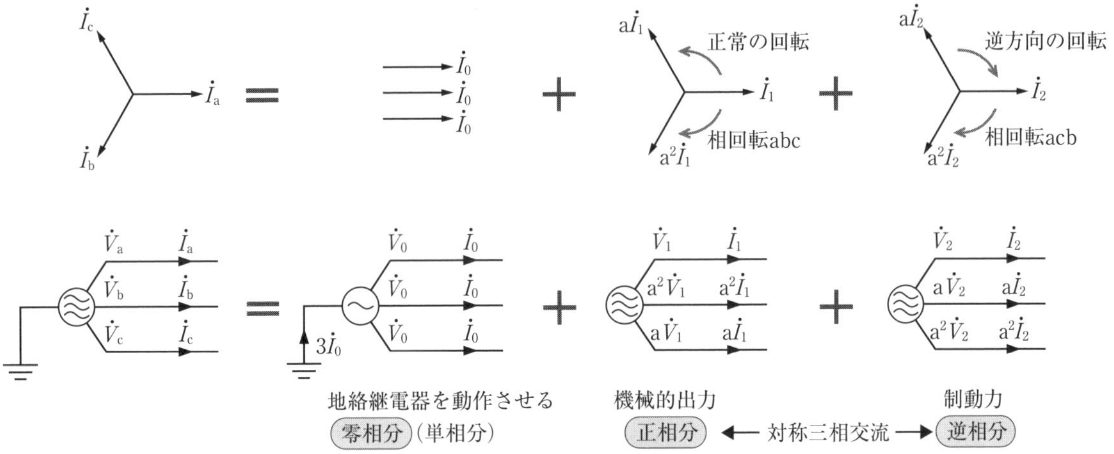

図 16.5　対称座標法とは？

高圧ケーブルの接地とは？

遮へい層の接地の理由，接地の方法，遮へい層銅テープのメンテナンスと遮へい層接地に関するトラブル等について解説します．

> **高圧 CV ケーブルの接地とは？**

1．遮へい層の目的は？

高電圧になると，静電誘導作用等による人体への危険防止，通信線への障害防止，ケーブル内の電圧を均一にして絶縁物の劣化を防止するために**遮へい層**を設ける必要性があります．さらに**遮へい層**をケーブル終端部で**接地**することによって感電防止になります．

2．遮へい層とは？

電気設備技術基準の解釈第10条によれば，単心のものにあっては線心の上に，多心のものにあっては線心をまとめたものまたは各線心の上に，**厚さ0.1 mm の軟銅テープ**またはこれと同等以上の強度を有する軟銅線，金属テープもしくは被覆状の金属体を設けたものであることを求めています．

実際には，**図 17.1** のように**外部半導電層**[1] 上に銅テープが巻かれています．なお，シースが金属の場合は，金属製のシースが遮へい層の

役割を果たすことになるので遮へい層を設ける必要はないとされています．

3．遮へい層の接地とは？

遮へい層が，その目的，役割を果たすためには確実に**接地**されていることが必要です．

導体と大地間に電圧が印加されたとき，**接地をした場合**は，図 17.1（a）のように導体と**外部半導電層**，すなわち導体と**遮へい層**間に印加電圧とほぼ同じ電圧が加わるので遮へい層は**大地と同電位**となり，**安全な状態**といえます．しかし，同図（b）のように**接地をしない場合**は，導体と**遮へい層**，**遮へい層**と大地間の静電容量をそれぞれ C_1，C_2 とすれば，印加電圧 V は C_1，C_2 によって分圧されますから，遮へい層の電圧 V_2 は，

$$V_2 = \frac{C_1}{C_1 + C_2}V \tag{17・1}$$

通常，$C_1 \gg C_2$ ですから，式(17・1)は，

$$V_2 \simeq \frac{C_1}{C_1}V = V$$

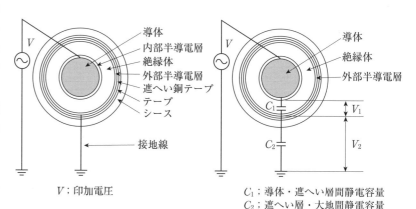

V：印加電圧

C_1：導体・遮へい層間静電容量
C_2：遮へい層・大地間静電容量

（a）接地をした場合 　　（b）接地をしない場合

図 17.1　高圧 CV ケーブル遮へい層の接地

となり，遮へい層にかかる電圧 V_2 が印加電圧 V とほぼ同じ値になるので，ケーブルそのものが**危険な状態**にあることがわかります．接地した場合でも年月の経過により**遮へい層銅テープ**の**腐食**による**破断**，**断線**が起きれば，接地をしない場合と同じ状態になり，感電の危険だけでなく放電や発熱から**ケーブル火災**の原因にもなります．

4．接地の方法は？

　高圧 CV ケーブルの遮へい層の接地方式には，**片端接地**と**両端接地**がありますが，通常は**片端接地**と考えてください．ただし，ケーブル亘長（こうちょう）が長い場合では，ケーブルに流れる電流の電磁誘導作用による遮へい層の**誘起電圧**が遮へい層の接地点からの距離に比例して増加するので，**両端接地**が採用される場合があります．また，遮へい層の**誘起電圧**が 30 〜 50 V 以上になる場合も**両端接地**とする必要があります．なお，一般に採用される**片端接地**は，屋内側のケーブル終端部で接地し，屋外側は非接地処理（絶縁処理）を行います（**写真 17.1**）．

5．遮へい層のメンテナンスは？

　今までの説明からケーブル遮へい層接地の重要さが理解できたのではないでしょうか．

　なお，接地した場合でも**遮へい層銅テープ**の腐食破断や断線による危険防止のためメンテナンスが必要になります．手軽にできるのが**遮へい層抵抗測定**です．これは，**図 17.2** のように測定前に接地線を切り離して**遮へい層銅テープ**の抵抗を測定するものです．抵抗測定器はテスター等でも十分ですが，**停電状態**で，経験者の指導の下で実施してください．

　参考値として（一社）日本電線工業会では，50 Ω/km を超えていないこととしています．なお，3 心一括ケーブルでは，内部で各線心の銅テープが接触しているので各線心ごとの値は測定できません．また，測定が容易にできるようケーブル終端処理作業時に非接地側の遮へい層か

写真 17.1　実際の CV ケーブル遮へい層接地

らも**リード線**を引き出しておく必要があります．

6．遮へい層接地のトラブルは？

　遮へい層銅テープの破断が発生すれば，充電電流は外部半導電層に流れるため，破断箇所の外部半導電層の発熱，炭化へと進み，絶縁体も焼け，**ケーブルの劣化**につながります．したがって，ケーブルの設置箇所が高温高湿の環境である場合は，**遮へい層銅テープの腐食**に注意する必要があります．また，**接地の方法**が適切でないと，地絡事故が発生したとき，**地絡リレーの感度が低下**したり，逆に保護範囲外の地絡事故が発生するので要注意です（オーム社刊の拙著『電気 Q&A　電気設備のトラブル事例』の Q 38 参照）．

（注）

※1　**外部半導電層**；絶縁体と遮へい層銅テープの間の隙間をなくすため絶縁体上に半導電性テープを巻くか押出成形タイプが使用され，部分放電対策としても有効．

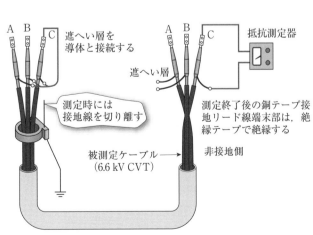

図 17.2　遮へい層抵抗測定回路の例（片端接地の場合）

18 シールドケーブルの接地とは？

制御用ケーブルとしてよく使用されているのが CVV で，正式名は**制御用ビニル絶縁ビニルシースケーブル**です．CVV でシールドを持つものが CVVS で，シールドは遮へいの意味を持ち，いくつかの種類があります（**図 18.1**）．

> シールドケーブルの接地とは？

1．シールドとは？

ケーブルの**シールド**は，接地した金属の覆いのことで，外部環境から電気的に隔離するものです．シールドの材料には銅またはアルミニウムが使われ，foil（ホイル，箔のこと），網状，より線等の形状になります．

2．シールドの種類は？

①静電誘導とシールド

図 18.2（a）のように電荷を持つ導体（帯電体）Aを絶縁体Cで囲んだ電荷を持たない導体Bに近づけると，導体Bには正，負の電荷が分離（分極）して現れます．このため導体Bの電荷から外部に電気力線が出るので，導体Bは絶縁体Cで包んでも**静電誘導**の影響を受けます．しかし，同図（b）のように導体Bを中空導体Cで包み，これを接地すれば導体Cの外側の電荷は大地に流れ出るので導体Bは**静電誘導**の影響を受けないことになります．このように**静電誘導**の影響を断ち切ることを**静電シールド**といいます．すなわち，電荷を持つことは電位を持つことですから，接地した導体は**0電位**になり電荷を持たないことが理解できます．

②電磁誘導とシールド

図 18.3 のように電力線と制御線とが近接しているとき，電力線に流れる電流 I による磁界が作用し，二つの線間の**相互インダクタンス** M によって制御線に**電磁誘導電圧** V_m が発生します．

$$V_\mathrm{m} = j\omega M I, \quad \omega = 2\pi f \tag{18・1}$$

誘導電圧は，電力線の周波数 f，流れる電流 I および**相互インダクタンス** M に比例しますが，f，I は電力線によって決まるので，これを小さくするには M を小さくすることが必要です．M を小さくするには，電力線と制御線の間の**距離**を離すか，各々の電線がつくる面積を小さくするために**ツイスト線**を採用します．

回路の平衡度によりますが，以上の**静電誘導**および**電磁誘導**による制御線の誘導電圧によって，**ノイズ**が発生します．なお，ノイズ源（電力線）の電圧に関係するのが**静電誘導**，電流に関係するのは電磁誘導です．

③電磁シールド（電波シールド）

電磁波は，電界と磁界とが互いに鎖交し合って存在する一種の波動ですから，**高周波**に対しては**静電シールド**のみや**磁気シールド**のみでは効果が

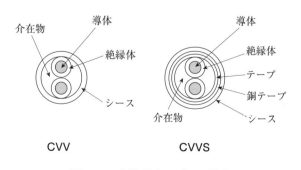

図 18.1　制御用ケーブルの構造

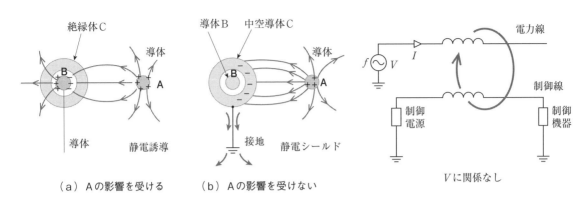

（a）Aの影響を受ける　　（b）Aの影響を受けない

図18.2　静電誘導と静電シールド

図18.3　電磁誘導

小さいので，その両方を施す必要があります．なお，磁気シールドは磁界を遮へいするものです．

3．シールド対策は？

①静電誘導対策

図18.4のように制御線が電力線に近接しているとき，静電誘導電圧 V_s は，

$$V_s = \frac{C_1}{C_1 + C_2} V \tag{18・2}$$

ここで，制御線に**シールドケーブル**を採用する場合，遮へい層を接地すると，$C_2 \to \infty$ [1] となるので，式(18・2)より $V_s \to 0$ となり，制御線には誘導電圧がないので**静電シールド対策**が行われたことになります．すなわち，**静電シールドにはシールドの片端接地**（1点接地）で十分です．

②電磁誘導対策

制御線を**電磁遮へいケーブル**とし，この遮へい層の両端を機器の接地端子に接続すると効果的です．さらに**ノイズ対策**として，電力線や制御線を鉄管内に収容します．

4．シールドケーブルの接地目的は？

静電遮へい，すなわち**静電シールド**のために遮へい層（シールド）を**片端接地**します．**両端接地**すると，それぞれの電位差でシールドに循環電流が流れ，シールド効果が期待できなくなります．

また，遮へい層接地だけでは，以上と「3．シールド対策は？」に述べたことより，磁気シールドや電磁シールドには多くを期待できません．

5．同軸ケーブルとの違いは？

シールドケーブルも**同軸ケーブル**も，中心の導体を網状の線や導体箔で囲ったものですが，前者は低周波の**静電シールド**を目的としているのに対し，後者は**高周波信号の伝送**を目的としています．

なお，**同軸ケーブルは高周波**だけでなく低周波にも使われますが，逆に**シールドケーブルは高周波に使われることはありません．**

（注）

[1]　$C_2 \to \infty$ **になる理由**；遮へい層を接地すると，$V_s = 0$ になるから，式(18・2)より C_1 は有限値だから，結果的に $C_2 = \infty$.

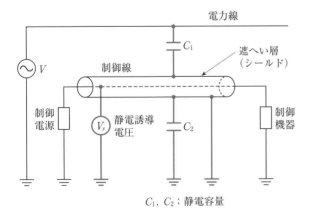

C_1，C_2；静電容量

図18.4　シールドケーブルの静電遮へい

コラム 4 コンデンサ

コンデンサの役割

コラム3で「コンデンサとコイル」を取り上げ，ここではコンデンサの能力は，**静電容量 C** 〔F〕で表し，コイルの能力は，**インダクタンス L**〔H〕で表す．また，その性質としてコンデンサは交流を通すが直流は流れない．コイルは直流を通すが交流は流れるが妨げることがわかりました．

このテーマでは，**コンデンサ**を取り上げ，その役割がたくさんあることを知りましょう．

1．カップリング

図Aは，トランジスタによる小信号増幅回路で，ここで使用されている C_1，C_2 は，直流成分は通さず交流成分のみを通過させるためのコンデンサで，**結合コンデンサ**といいます．DCカット等ともいいます．

2．バイパス（パスコン）

図Aのコンデンサ C_3 のように抵抗 R_D に並列に接続し，増幅したい信号周波数でエミッタ端子が交流的にほぼアース電位となるように R_D が短絡状態となる大きい静電容量とするもので，**バイパスコンデンサ**といい，入力電圧 v_i が直接 B-E 間に加わるようにするためのものです．コンデンサの用途は，**共振**以外はほとんどバイパスが目的です．

3．平滑

整流された波形は，完全に平らな直流ではなく，波を打っています．これを**脈流**といい，この脈流をできるだけ平らな直流にする回路を**平滑回路**といい，**図B**（a）のようにコンデンサを用いた回路を**コンデンサ平滑回路**といいます．同図（b）より出力電圧 e_d より入力電圧 e が高い θ_1 でダイオードが導通（入力電流 i が流れる）して C を充電し，$e<e_d$ では入力電流 i は流れずダイオードは非導通で，C の大小により放電します．（C 大で脈動少ない）

4．共振

コンデンサは，コイルと組み合わせると「**共振**」という現象が作れます．**共振**は，コンデンサをコイルと並列接続すれば，図Cの f_0 という周波数で**共振**が起こり，合成インピーダンスは無限大となるから電流は0，直接接続すれば，**図D**の f_0 という**共振**が起こり，合成インピーダンスは0となり，電流は最大になります．

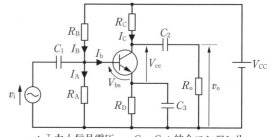

v_i；入力小信号電圧 　　C_1，C_2；結合コンデンサ
v_o；出力小信号電圧 　　C_3；バイパスコンデンサ
図A　小信号増幅回路

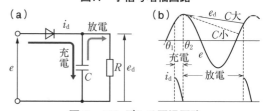

図B　コンデンサ平滑回路

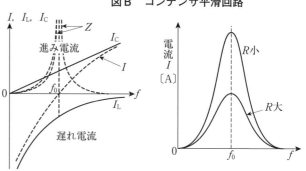

図C　並列共振の周波数特性 　**図D　直列共振の周波数特性**

コイル

インダクタンスの役割

スイッチングによって電力の変換・制御を行うパワーエレクトロニクスの応用の世界では，**インダクタンス**が果たす役割は大きいものがあります．

ここでは，2つの回路を通してインダクタンスの役割を紹介します．

①単相半波ダイオード整流回路

図Aに示す回路で，まず**環流ダイオード**[※]D_Fがない場合は，$\omega t = \pi$ で電源 $v_s = 0$ になってもインダクタンス L の働きで電流 i_d は流れ続け，**図B（a）**のように $\omega t = \pi + \beta$ の時点で $i_d = 0$ のとなります．したがって，出力電圧 e_d には負の部分が生じ，負荷が純抵抗の場合に比べて平均値が低下します．$v_s = 0$ でも i_d が流れ続けるのは，**インダクタンス L** がエネルギーを蓄積し，これが放出されるまで電流が流れ

るからです．しかし，出力電圧 e_d の負の部分をカットし，電流 i_d の脈動を少なくするため，**環流ダイオード D_F** を挿入すると，電源 v_s の負の半サイクルには，このダイオードが導通し出力端子を短絡するので，図B（b）の出力電圧波形 e_d が得られ，負の部分がなくなります．

②降圧チョッパ

高圧チョッパの回路は，**図C**に示すとおりで，スイッチSのオン・オフに応じて，**図D**に示すように電流がSとダイオードDに交互に流れるものです．スイッチSがオンのときは，**インダクタンス L** にエネルギーが蓄積され，Sがオフのときに，Lのエネルギーが放出される．この回路のダイオードDも**環流ダイオード**です．

※ フリーホイーリングダイオードあるいは，フライホイールダイオード等ともいう．

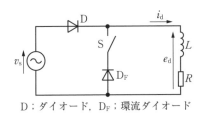

D：ダイオード，D_F：環流ダイオード

図A　単相半波ダイオード整流回路

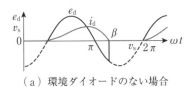

（a）環境ダイオードのない場合

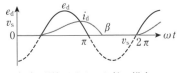

（b）環境ダイオード付の場合

図B　単相半波ダイオード整流回路の電圧電流波形

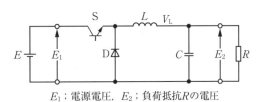

E_1：電源電圧，E_2：負荷抵抗Rの電圧

図C　降圧チョッパ

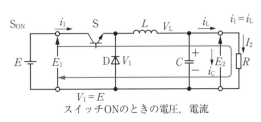

$V_1 = E$
スイッチONのときの電圧，電流

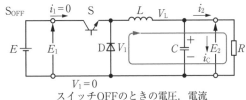

$V_1 = 0$
スイッチOFFのときの電圧，電流

図D　降圧チョッパの動作モード

問題で確認② CとL

問題②-1 図Aのように起電力が $E = 10$ V の電池，電気容量が $C = 4$ μF のコンデンサ，電気抵抗が $R_1 = 100$ Ω の抵抗1と $R_2 = 200$ Ω の抵抗2が接続されているとき，次の（1），（2）に答えよ．ただし，はじめのコンデンサの電荷は0とする．

（1）スイッチをa側に入れた直後，抵抗1に流れた電流はいくらか．

（2）スイッチをa側に入れてから十分に時間が経過してから，スイッチをb側に入れたところ，抵抗2に流れた電流はいくらか．

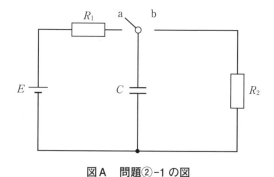

図A 問題②-1の図

解説・解答 （1）スイッチをa側に入れた直後は，コンデンサ C を充電するために，**図B**のように電流が流れるが，時間が経過して電荷が蓄えられると電流は流れない．

したがって，$\dfrac{E}{R_1} = \dfrac{10}{100} = 0.1$ A

（2）スイッチをa側に入れて十分時間が経過すると，コンデンサの電圧は $E = 10$ V であるから，b側に入れると，電流は $\dfrac{E}{R_2} = \dfrac{10}{200} = 0.05$ A

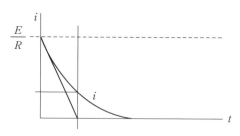

図B 充電の過渡現象

問題②-2 図Cのように起電力が $E = 10$ V の電池，電気抵抗 $R = 100$ Ω の抵抗，自己インダクタンス $L = 4$ H のコイルおよびスイッチ S を接続した回路がある．次の（1），（2）に答えよ．

（1）スイッチSを閉じた直後に抵抗 R に流れる電流はいくらか．

（2）スイッチSを閉じてから十分に時間が経過したとき，抵抗 R に流れる電流はいくらか．

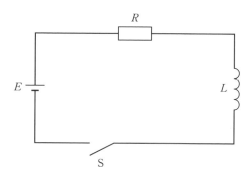

図C 問題②-2の図

解説・解答 （1）スイッチSを閉じた直後は，図Dのように電流 $I = 0$〔A〕

（2）スイッチSを閉じると，図Dのように電流 I は増加していき，十分に時間が経過したときは，電流は，

$$I = \frac{E}{R} = \frac{10}{100} = 0.1 〔A〕$$

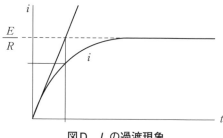

図D Lの過渡現象

第Ⅰ部

現場の疑問編

第3章

受変電・
保護継電器

19 モールド変圧器に触れると？

モールド変圧器は，その表面が樹脂の絶縁物なのに，なぜ**感電する危険**があるのでしょうか（**写真 19.1**）．

> **モールド変圧器の巻線表面の樹脂に触れてはならないのはなぜ？**

1．変圧器の種類は？

絶縁方式によって油入式，乾式，ガス絶縁式があり，モールド変圧器は乾式変圧器の一種です．

2．モールド変圧器とは？

モールド変圧器は，JEC-2200[※1] によれば，**乾式変圧器の一種で巻線の全表面が樹脂または樹脂を含んだ絶縁素材で覆われた変圧器**のことです．

なお，**乾式変圧器**は鉄心と巻線が空気中で使用される変圧器で，形態としては，保護ケースなし形，保護ケース形，密封形，閉鎖形があります．

したがって，モールド変圧器は，巻線表面の樹脂に触れないようにキュービクル（箱）内に収納して使います．

3．モールド変圧器に触れると危険な理由は？

モールド巻線全表面が**図 19.1**（b）のように樹脂層で覆われていますので，**運転中は樹脂層が帯電して樹脂層表面電位 V_s が巻線導体とほぼ同電位となります**（これは次項で具体的に計算します）．このため，**モールド変圧器**巻線表面に人が触れると，人を通して大地に漏れ電流が流れて**感電する**ことになります．なお，**モールド変圧器**は，高圧変圧器が多く，**図 19.2** のように樹脂層内側

写真 19.1　モールド変圧器

は一次巻線（高圧）になり，一次巻線は接地されていません．**樹脂層は絶縁物ですから巻線導体と樹脂層表面間には，静電容量 C_r が存在する**と考えます．また，**樹脂表面と大地間にも静電容量 C_s** が存在します．

4．モールド樹脂層表面電位 V_s は？

図 19.2（b）（c）のように，巻線導体電位，すなわち対地電位を V_0，樹脂層の厚さを d_r，空気層の厚さを d_s，樹脂と空気の比誘電率をそれぞれ ε_r，ε_s，静電容量を構成する表面積を S とすれば，$\varepsilon_s = 1$ ですから，それぞれの静電容量 C_r，C_s は，

$$C_r = \frac{\varepsilon_0 \varepsilon_r S}{d_r}, \quad C_s = \frac{\varepsilon_0 \varepsilon_s S}{d_s} = \frac{\varepsilon_0 S}{d_s} \quad (19 \cdot 1)$$

ここで，二つの静電容量 C_r，C_s は，同図（b）より，対地電位 V_0 に対して**直列接続**と考えられますから，**合成静電容量 C_0** は，同図（c）の等価回路となり，

$$C_0 = \frac{C_r C_s}{C_r + C_s} \quad (19 \cdot 2)$$

この回路の**電荷 Q** は，

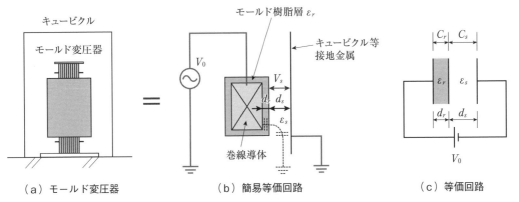

図 19.1 モールド変圧器樹脂表面電位と等価回路

（a）モールド変圧器　　　（b）簡易等価回路　　　（c）等価回路

$$Q = C_0 V_0 = \frac{C_r C_s}{C_r + C_s} V_0 \qquad (19 \cdot 3)$$

したがって，**モールド樹脂層表面電位** V_s は，

$$V_s = \frac{Q}{C_s} = \frac{C_r C_s}{C_r + C_s} V_0 \cdot \frac{1}{C_s} = \frac{C_r V_0}{C_r + C_s}$$

$$\qquad (19 \cdot 4)$$

この式に式（19・1）を代入して，

$$V_s = \frac{\dfrac{\varepsilon_0 \varepsilon_r S}{d_r}}{\dfrac{\varepsilon_0 \varepsilon_r S}{d_r} + \dfrac{\varepsilon_0 S}{d_s}} V_0 = \frac{\varepsilon_0 S \cdot \dfrac{\varepsilon_r}{d_r}}{\varepsilon_0 S \left(\dfrac{\varepsilon_r}{d_r} + \dfrac{1}{d_s} \right)} V_0$$

$$= \frac{\dfrac{\varepsilon_r}{d_r}}{\dfrac{\varepsilon_r d_s + d_r}{d_r d_s}} V_0 = \frac{\varepsilon_r}{d_r} \cdot \frac{d_r d_s}{\varepsilon_r d_s + d_r} V_0$$

$$\doteqdot \frac{\varepsilon_r d_s}{\varepsilon_r d_s + d_r} V_0 \qquad (19 \cdot 5)$$

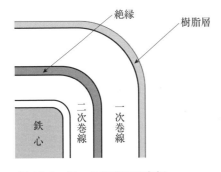

図 19.2 モールド変圧器内部

エポキシ樹脂の比誘電率 $\varepsilon_r \doteqdot 4$，樹脂層の厚さ $d_r = 3〔\mathrm{mm}〕$，空気層の厚さ $d_s = 100〔\mathrm{mm}〕$，$V_0 = \dfrac{6\,600}{\sqrt{3}} = 3\,811〔\mathrm{V}〕$ を式（19・5）に代入して，**モールド樹脂層表面電位**を計算すると，

$$V_s = \frac{4 \times 100 \times 10^{-3}}{4 \times 100 \times 10^{-3} + 3 \times 10^{-3}} \times 3\,811$$

$$= \frac{400}{403} \times 3\,811 \doteqdot 3\,783〔\mathrm{V}〕$$

となって，**巻線導体電位とほぼ同電位となること**が確かめられました.

5．電源遮断後ならモールド変圧器に触れても？

　前述のように，モールド樹脂層内側が高圧巻線で接地されていないため**静電容量**があります. したがって，電源遮断直後は，電力ケーブルや電力用コンデンサと同様に**残留電荷**があり，モールド樹脂層表面が**帯電**していますから，人が触れるのは危険です. 電源遮断直後の作業は，**巻線**を接地棒で接地し，**モールド樹脂層表面**も接地棒でなぞって樹脂層表面の電荷を放電後に作業を開始してください. また，モールド変圧器をキュービクルに収納しない場合は，**保護ケース**に収納するか，**フェンス**を取り付ける等の**安全対策**が必要です.
（注）
※1　JEC-2200；（一社）電気学会　電気規格調査会標準規格の変圧器版.

受変電・保護継電器❷

20 変圧器二次側 400V なら丫結線？

ここでは，主に動力用として使用される三相変圧器の結線法について考えます．

変圧器二次側が 400 V なら丫結線にするのはなぜ？

1．丫結線と△結線とは？

三相交流は，位相の異なる三つの交流電圧の組み合わせで，これを一つの電源として使用します．この三相交流を組み合わせる接続法を**三相結線**といい，**丫結線**と**△結線**があります．

丫結線

丫結線の場合は，**図 20.1** のように各コイルの一端を 1 点 O で接続し，他端から 3 本の導線で取り出して利用します．共通の接続点 O を**中性点**といいます．丫結線において，各コイルに発生する電圧 $\dot{E}_a$, $\dot{E}_b$, $\dot{E}_c$ を**相電圧**といい，端子の ab，bc，ca 間の電圧 $\dot{V}_{ab}$, $\dot{V}_{bc}$, $\dot{V}_{ca}$ を**線間電圧**といいます．

線間電圧と相電圧の関係は，同図（b）のベクトル図から，

$$\dot{V}_{ab} = \dot{E}_a - \dot{E}_b \qquad (20・1)$$

となり，**線間電圧**の大きさ V_{ab} と**相電圧**の大きさ E_a との関係は，

$$V_{ab} = \sqrt{3}\,E_a \qquad (20・2)$$

△結線

△結線の場合は，**図 20.2** のように各コイルを環状に接続し，その各接続点から 3 本の巻線で取り出して利用します．△結線において，各コイルに発生する電圧 $\dot{E}_a$, $\dot{E}_b$, $\dot{E}_c$ を相電圧といい，△結線では，**相電圧**の大きさ E_a は**線間電圧** V_{ab} の大きさと同じになります．

$$E_a = V_{ab} \qquad (20・3)$$

なお，△結線の**線電流**の大きさ I_a と**相電流**の大きさ I_{ab} との関係は，同図（b）のベクトル図から，

$$I_a = \sqrt{3}\,I_{ab} \qquad (20・4)$$

2．変圧器の丫結線と△結線の比較は？

三相変圧器の一次・二次の結線の組み合わせは，

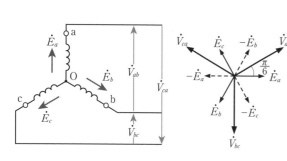

（a）丫結線 （b）電圧ベクトル図

図 20.1 丫結線

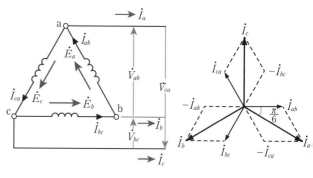

（a）△結線 （b）電流ベクトル図

図 20.2 △結線

主に丫－丫，丫－△，△－丫，△－△の4種類になります．ここでは，結線の組み合わせを述べる前に，変圧器の結線に使用される丫結線，△結線を比較し，それぞれの**特徴**を理解してください．

一般的に変圧器の丫結線と△結線を比較すると，表20.1のようになります．これを基に以降は，三相6 kV/200 V級の変圧器を対象に話を進めていきます．

> 高圧側丫：△に比べて絶縁距離が小さくなるので巻線寸法小，△に比べて巻数小
>
> 高圧側△：丫に比べて相電流が小さくなるので導体断面積小，丫に比べて巻数大
>
> 低圧側丫：△に比べて巻数小
>
> 低圧側△：丫に比べて相電流が小さくなるので導体断面積小，丫に比べて巻数大

3．自家用の変圧器は，ほとんど丫－△結線？

三相変圧器の結線は，一般的に高圧側は電圧が高いため△結線にすると，丫結線と比較して相電圧が高いので，絶縁のため絶縁物の量が多くなって，**導体の占積率**[1]が下がり外形が大きくなり，コストにも影響します．したがって，6 kV級配電用標準変圧器の結線は，20～50 kVAが丫－丫結線[2]，75～500 kVAが丫－△結線で製作されることが多いようです．

表 20.1　変圧器の丫結線と△結線の比較

結　線	丫結線	△結線
相電圧／線間電圧	小（$1/\sqrt{3}$）	大（1）
絶縁距離	小	大
巻線1相当たりの巻数	小	大
相電流／線電流	大（1）	小（$1/\sqrt{3}$）
導体断面積	大	小
巻線中の導体の占積率[1]	大	小
通用区分	・高電圧 ・小電流 ・巻線は粗い導体使用	・低電圧 ・大電流 ・巻線は多数の導体を並列使用

一方，750～1 000 kVAだと△－△結線とする傾向にあります．これは，変圧器容量が大きくなると，高圧側，低圧側とも△結線にして，巻数は大でも導体断面積を減らし，巻数工数を下げるメリットが大きくなるからです．このような背景から三相6 kV級変圧器では，75～500 kVAの容量のものが多いことから丫－△結線が多くなっています．

4．変圧器低圧側電圧が400 Vなら△－丫結線？

電気設備技術基準の解釈（以下「解釈」という）第24条によれば，高圧または特別高圧と低圧電路とを結合する変圧器の**低圧側の中性点にはB種接地工事**[3]を施すことが定められています．ただし，低圧電路の使用電圧が**300 V以下**の場合において，低圧側の中性点に接地工事を施し難いときは，**低圧側の1端子**に施すことができるとしています．

しかし，低圧側電圧が400 Vの場合は，△結線にすると，この解釈による施工ができなくなるので，丫結線にします．丫結線にすれば，中性点に接地工事を施工でき，対地電圧がその$1/\sqrt{3}$になるので保安上からも好ましくなります．したがって，三相6 kV/400 Vの変圧器は，△－丫結線になります．もちろん，低圧側400 Vでも丫－△結線の変圧器を採用したい場合は，**混触防止板付変圧器**として，混触防止板にB種接地工事を施せば問題ありません（Q13参照）．

（注）

※1　**導体の占積率**：巻線の断面に占める導体の割合，同性能なら製品の小形化が可能．

※2　**丫－丫結線**：励磁電流の第3高調波が漏れ出ないように内鉄形三相三脚鉄心を採用している．

※3　**B種接地工事**：Q 13参照．

〈参考文献〉

オーム社『現場の疑問に答える自家用電気設備 Q&A』

受変電・保護継電器❸

21 変圧器の%インピーダンスとは？

変圧器の%インピーダンスは，従来インピーダンス電圧と呼ばれていたものが JEC，JIS の規格改正により短絡インピーダンスという表現に変更されました．（図21.1）しかし，電験等の国家試験問題では百分率インピーダンス降下，百分率インピーダンスという用語も使われています．

変圧器の短絡インピーダンスとは？

1. 変圧器の%インピーダンスとは？

変圧器は，JEC-2200-1995 という規格によって詳細に規定され，それによると，「通常，測定された巻線の基準インピーダンスに対する百分率で表す」としていますが，製造関係者以外にはわかりにくい表現です．わかりやすく表現すると，定格電流が流れたときの変圧器のインピーダンス

電圧降下の相電圧の比の百分率ということになります．つまり，変圧器に定格電流を流した場合に変圧器内部の電圧降下の定格電圧に対しての割合を示すものと考えてください．

すなわち，%インピーダンス（以下「% Z」という）とは，一次側からみたインピーダンスを Z_1〔Ω〕，定格一次電流を I_{1n}〔A〕，定格一次電圧を E_1〔V〕とすれば，

$$\% Z = \frac{Z_1 I_{1n}}{E_1} \times 100 \text{〔%〕} \tag{21・1}$$

ただし，三相変圧器のとき，E_1 は相電圧

2. % Z は，何に利用される？

変圧器を並列運転する場合には，この% Z がほぼ等しくないと負荷電流が変圧器容量に比例して分担されなくなります．つまり，並列運転する変圧器では，% Z が等しくないと全変圧器の合計容量まで使用できないことになり，ロスとなります．

また，% Z は変圧器短絡時の抑制になります．すなわち，変圧器は短絡事故時の機械的衝撃と温度上昇に耐える必要がありますが，短絡電流 I_s は次式で計算しますから，その値は% Z によって制限されます．

$$I_s = \frac{100}{\% Z} I_n \tag{21・2}$$

ただし，I_n は基準電流で，基準容量（たとえば変圧器容量）と短絡事故発生側の電圧によって計算できます．

変圧器は負荷によって二次端子電圧が変化します．これは変圧器内部の電圧降下，すなわち% Z によるものです．したがって，% Z が小さいほど二次端子電圧変動が小さいので，電圧変動率が小さくなります．

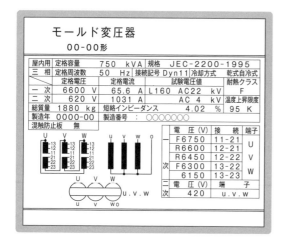

図 21.1 変圧器の銘板の一例

問題21.1 高圧機器に関する記述として，不適当なものはどれか．

1. 計器用変圧器は，主回路に並列接続し電圧を低電圧に変成して，計器や保護継電器を動作させるために使われる．
2. 高圧交流遮断器の操作方式には，手動ばね操作，電動ばね操作，ソレノイド操作などの方式がある．
3. 高圧限流ヒューズの種類は，溶断特性により変圧器用はT，コンデンサ用はCの記号で表される．
4. 変圧器のパーセントインピーダンスが大きいほど，電圧変動は小さくなり，二次側の遮断電流も小さくなる．

（1級電気工事施工管理技術検定試験問題）

〔解説・解答〕

変圧器のパーセントインピーダンスが大きいほど**電圧変動率は大きくなります**．また，式(21・2)により短絡電流は小さくなるので，短絡電流を上回る値とする遮断電流は**小さくなります**．

（答）　**4**

3．％Zの値は？

電圧が上昇すると巻数が増大し，同容量であれば電流は小さくなって導体断面積は小さくなります．しかし，電圧の上昇によって絶縁寸法の増大の比重が大きいため，**％Zは増大**します．

参考として，**表21.1**に電圧による国内の標準的な変圧器の％Zの値を示しました．

また，同一電圧で**容量，周波数，油入・モールド変圧器の区別**によって，％Zの値がどのように変わるかを示したのが**表21.2**です．

変圧器巻線のインピーダンスは，抵抗分とリアクタンス分からなります．抵抗分よりリアクタンス分の方が大幅に大きく，リアクタンスは周波数に比例することから，％Zは，**60 Hzの方が50 Hzより大きくなる**ことが理解できます．また，容量が大きくなれば導体断面積が大きくなって外形寸法も大きくなるので，大ざっぱにいうと，容量が大きくなると％Zも大きくなります．なお，油入変圧器に比較して**モールド変圧器**では，一次・二次巻線間の絶縁は，油および絶縁紙に比べて絶縁強度の弱い**空気**によるため，距離が大きくなって外形寸法が大きくなります．また，**冷却も空気**によるため，必要な距離を確保する関係上，**％Zが大きくなります**．

I部　疑問編

3章　受変電・保護継電器

表21.1　国内の標準的な％Zの値

高圧巻線定格電圧〔kV〕	％Z
6.6	3.0
22	5.0
33	5.5
66	7.5
77	7.5
110	9.0
154	11.0
270 ～ 500	15.0

表21.2　油入変圧器とモールド変圧器の％Z

相	電圧〔V〕	容量〔kVA〕	油入変圧器 50 Hz ％Z〔%〕	油入変圧器 60 Hz ％Z〔%〕	モールド変圧器 50 Hz ％Z〔%〕	モールド変圧器 60 Hz ％Z〔%〕
単相	6 600/210-105	50	2.30	2.50	5.70	6.67
		75	2.43	2.70	3.43	4.02
		100	2.74	2.99	4.53	5.89
		150	2.65	2.96	4.69	5.56
三相	6 600/210	50	2.22	2.23	5.12	5.97
		75	2.14	2.31	4.80	5.04
		100	2.21	2.44	5.25	6.13
		150	2.26	2.55	4.24	5.26
		200	2.57	2.73	4.43	5.23
		300	3.34	4.28	4.46	5.30
		500	3.63	3.65	5.17	6.18
		750	4.32	3.86	5.12	6.11
		1000	4.34	4.91	6.12	7.33

22 電力用コンデンサの単位は？

電力用コンデンサ（以下，単に「コンデンサ」という）といえば，**進相コンデンサあるいは力率改善用コンデンサ**といったイメージが強いのではないでしょうか．では，**コンデンサ容量の表示は kvar？ kVA？** どちらでしょうか．

> コンデンサ容量の単位は？

1．無効電力の単位は？

交流電力 P 〔W〕は，実効値で表した電圧，電流をそれぞれ V 〔V〕，I 〔A〕とすれば，

$$P = VI \cos\theta \quad \text{〔W〕} \qquad (22\cdot1)$$

この式で表された電力のことを**有効電力**といい，消費電力を表し，単位は**ワット〔W〕**です．$\cos\theta$ のことを**力率**と呼び，位相角 θ を**力率角**と呼びます．ここで，電圧と電流の積 VI は，**皮相電力**といい，見掛け上の電力を表し，単位は**ボルトアンペア〔VA〕**です．このとき，

$$Q = VI \sin\theta \quad \text{〔var〕}$$

を**無効電力**といい，単位は**バール〔var〕**です．

以上の三つの電力は，**図22.1**のように**直角三角形**の各辺になります．また，**無効電力の単位**は，バールの1 000倍の**キロバール〔kvar〕**が使われます．

2．コンデンサ容量の単位は？

コンデンサ容量は，従来"**kVA**"表示でしたが，1990年のコンデンサ関係のJIS C 4902改正時に，IEC871の国際規格との整合を図

るため全面改正され，IEC規格に合わせ，"**kvar**"表示に変更されました．しかし，**写真22.1**の某自家用需要家に設置されたコンデンサ容量は，100 kVAと表示されています．これは，1986年製造の旧JISのものです．なお，JIS C 4902は，**高圧および特別高圧進相コンデンサ**の規格ですが，**低圧進相コンデンサ**は，これとは別のJIS C 4901という規格があって，**低圧**では1993年から"**kvar**"表示となりました．

3．現状のコンデンサ容量表示は？

自家用需要家に設置されたコンデンサは，JIS

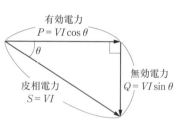

図22.1 三つの電力

写真22.1 自家用需要家の電力用コンデンサ

写真22.2 電力会社変電所の電力用コンデンサ

改正前のものを除き，すべて kvar 表示になっています．これに対して，**電力会社に設置されている**コンデンサは，現在でも kVA 表示です．このことについては，電力会社には「**電力用規格**」というものがあり，コンデンサは調相設備の一つであって，ほかの分岐リアクトルや同期調相機の容量は kVA 表示のため，コンデンサのみを新単位とすることができないと考えられます．なお，**調相設備**とは，無効電力を制御して電圧調整を行う電気機械器具のことです（**写真 22.2**）．

4．国家試験問題でのコンデンサの容量表示は？

国家試験問題でのコンデンサ容量表示はどうでしょうか．**第一種電気工事士筆記試験**（以下「第一種工事士試験」という），**第三種電気主任技術者試験**（以下「電験三種」という）とも 1995 年から kvar 単位に変更になっています．しかし，**問題 22.1-2** のように 2010 年電験三種「電力」の問題で，16 年ぶりに kVA 表示となりましたが，2012 年の「電力」，「法規」の問題では，再び kvar 表示に戻っています．参考までにコンデンサの容量表示に関する試験問題を問題として紹介します．

問題 22.1 次の各問いには，4 通りまたは 5 通りの答えが書いてある．それぞれの問いに対して，答えを一つ選びなさい．

問 い	答 え
1　容量 100〔kV・A〕，力率 80〔%〕（遅れ）の負荷を有する高圧受電設備に高圧進相コンデンサを設置し，力率 95〔%〕（遅れ）程度に改善したい．必要なコンデンサの容量 Q_c〔kvar〕として，適切なものは． ただし，$\cos\theta_2$ が 0.95 のときの $\tan\theta_2$ は 0.33 とする． （2011年第一種電気工事士試験）	イ．20　　　ロ．35　　　ハ．75　　　ニ．100
2　50〔Hz〕，200〔V〕の三相配電線の受電端に，力率 0.7，50〔kW〕の誘導性三相負荷が接続されている．この負荷と並列に三相コンデンサを挿入して，受電端での力率を遅れ 0.8 に改善したい．挿入すべき三相コンデンサの無効電力容量〔kV・A〕の値として，最も近いのは次のうちどれか． （2010年電験三種　電力）	（1）4.58　　（2）7.80　　（3）13.5 （4）19.0　　（5）22.5
3　電気事業者から供給を受ける，ある需要家の自家用変電所を送電端とし，高圧三相 3 線式 1 回線の専用配電線路で受電している第 2 工場がある．第 2 工場の負荷は 2 000〔kW〕，受電電圧は 6 000〔V〕であるとき，第 2 工場の力率改善及び受電端電圧の調整を図るため，第 2 工場に電力用コンデンサを設置する場合，次の（a）及び（b）の問いに答えよ（この例題では（b）は省略）． ただし，第 2 工場の負荷の消費電力及び負荷力率（遅れ）は，受電端電圧によらないものとする． （a）第 2 工場の力率改善のために電力用コンデンサを設置したときの受電端のベクトル図として，正しいものを次の（1）～（5）のうちから一つ選べ．ただし，ベクトル図の文字記号と用語との関係は次のとおりである． 　P：有効電力〔kW〕 　Q：電力用コンデンサ設置前の無効電力〔kvar〕 　Q_c：電力用コンデンサの容量〔kvar〕 　θ：電力用コンデンサ設置前の力率角〔°〕 　θ'：電力用コンデンサ設置後の力率角〔°〕	 （2012年電験三種　電力）

〔解答〕1─ロ，2─（3），3─（2）

受変電・保護継電器❺

23 電力用コンデンサの電流は？

　電力用コンデンサがほかの電気機器と異なるところは，運転中は常に全負荷運転をしていることです．この電流は，計算によって算出できます．では，電力用コンデンサの電流が変動するときはどのようなときでしょうか．

> 電力用コンデンサ（以下「コンデンサ」という）に流れる電流は？

1. コンデンサを設置するとどうなる？

　まず，次の問題を考えてみてください．

問題 23.1　図のような交流回路で，負荷に対してコンデンサ C を設置して力率を 100〔%〕に改善した．このときの電流計の指示値は．

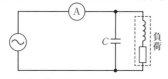

イ．0（ゼロ）になる．
ロ．コンデンサ設置前と比べて増加する．
ハ．コンデンサ設置前と比べて減少する．
ニ．コンデンサ設置前と比べて変化しない．

（H25 上期第二種電気工事士試験問題）

〔解説・解答〕

　電源電圧 V を基準にベクトル図を書くと，負荷に流れる電流 I は，**図 23.1** のように**遅れ電流**になります．このとき，$\cos\theta$ を**力率**といい，I を電源電圧と同じ成分の電流 I'，電源電圧より 90°遅れた成分の電流 I_L に分けて考えることができます．負荷と並列に**コンデンサ C を接続**する

と，電源電圧より 90°進んだ成分の電流 I_C が流れ，$I_\mathrm{C} = I_\mathrm{L}$ とすると，遅れ電流 I_L が打ち消されて，電源に流れる電流，すなわち電流計に流れる電流は I' になります．**電流計の指示値**は，コンデンサ設置前は I ですから，コンデンサを設置して I' になるから $I > I'$ により**減少します**．　**（答）ハ**

　この例題より，コンデンサを設置すると，電源に流れる電流が減少することが理解できました．このことを**力率改善**といい，この例題のように電源に流れる電流が電源電圧 V と同じ成分，すなわち $\theta = 0°$ になることを**力率 100%** といいます．

2. コンデンサの使い方は？

　高圧進相コンデンサの JIS が平成 10 年 3 月 20 日付けで改正され，配電線の高調波問題により，コンデンサ設備は**図 23.2** のように**直列リアクトル**の取付けが原則とされました（改正前に設置された小容量の**コンデンサ**では**直列リアクトル**は省略されているケースが多いようです）．なお，図 23.2 中の**放電コイル**は，**コンデンサの開閉を自動**でひんぱんに行う場合や残留電荷の放電をすばやく行う場合に設置されるもので，改正後も小容量のコンデンサではコスト面から設置されていません．なお，コンデンサには残留電荷の放電に多少時間はかかりますが，**放電抵抗**が内蔵されています．

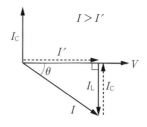

図 23.1　力率 100% にすると？

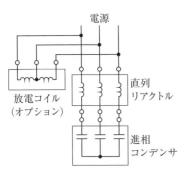

電源
放電コイル
（オプション）
直列
リアクトル
進相
コンデンサ

図 23.2　高圧進相コンデンサの構成（例）

3．新旧のコンデンサはどう違う？

　コンデンサに直列リアクトルを接続すると，直列リアクトルのコンデンサに対する比率に応じて**コンデンサの電圧が上昇します**（リアクタンス 6 ％の直列リアクトルの場合約 106 ％の電圧）が，**表 23.1** のように新 JIS（以下「新」という）では，この**電圧上昇を考慮して**コンデンサの定格電圧を定めています．一方，旧 JIS（以下「旧」という）では，電圧上昇を考慮していません．

　なお，新では直列リアクトルの取付けを原則とする考え方によって**直列リアクトルを含めた**コンデンサ設備の無効電力を**定格設備容量**とし，この**定格設備容量**とコンデンサの**定格容量**の関係式を明記し，標準容量はこの**定格設備容量**と**定格容量**を併記しています．

$$\text{定格容量} = \frac{\text{定格設備容量}}{1 - \dfrac{L}{100}} \qquad (23 \cdot 1)$$

ただし，$L = 6$〔％〕

4．コンデンサの定格電流は？

　新では直列リアクトルを含めるので，図 23.2 より，

$$\frac{106 - 6.38}{\sqrt{3} \times 6.6} \simeq \textbf{8.71}〔A〕$$

（正確にはリアクタンスを計算すると **8.72 A**）

　旧では，コンデンサ単独では，

$$\frac{100}{\sqrt{3} \times 6.6} \simeq \textbf{8.75}〔A〕$$

　直列リアクトルを含めると，リアクタンスを算

表 23.1　高圧コンデンサの新旧比較

		旧 JIS		新 JIS
直列リアクトル		なし	あり	あり
回路電圧		6 600 V	6 600 V	6 600 V
定格設備容量		(100 kvar)	(106 kvar)	100 kvar
コンデンサ	定格電圧 定格容量	6 600 V 100 kvar	6 600 V 100 kvar	7 020 V 106 kvar
直列 リアクトル	リアクタンス 定格電圧 定格容量	— — —	6 ％ 229 V 6 kvar	6 ％ 243 V 6.38 kvar

出して計算すると，9.31〔A〕

　旧では，コンデンサの定格電流に対して，

$$\frac{9.31}{8.75} \simeq \textbf{1.064 倍}$$

5．コンデンサの電流の変動（増加）要因は？

　コンデンサの定格電流が増加する要因として考えられる代表的なものは，以下の三つです．わかりやすいのは旧なので，旧で話を進めます．

　ここで，コンデンサのリアクタンス X〔Ω〕を算出します．コンデンサ容量 Q〔var〕は，

$$Q = \sqrt{3} VI = \sqrt{3} V \frac{\dfrac{V}{\sqrt{3}}}{X} = \frac{V^2}{X} \qquad (23 \cdot 2)$$

$$\therefore \quad X = \frac{V^2}{Q} = \frac{6\,600^2}{100 \times 10^3} = 435.6〔Ω〕$$

1）受電電圧の上昇

　6 600 V → 6 900 V なら，リアクタンス値は一定ですから，

$$\frac{\dfrac{6\,900}{\sqrt{3}}}{435.6} = 9.15〔A〕(4.5 ％ up)$$

2）高調波による増加

　高調波電流 I_n の流入により，コンデンサの合成電流は，

$$I = \sqrt{I_1^2 + I_n^2} \qquad (23 \cdot 3)$$

となるので，合成電流は増加します．

3）直列リアクトルによる増加

　4．で検討したように定格電流に対して約 1.06 倍増加しますが，新は増加しません．

24 進相コンデンサと高調波の関係は？

受変電設備の中の**進相コンデンサ**は，**高調波**が流入しやすく被害を受けたり，投入時の突入電流が大きいためほかの機器にダメージを与えることがあります．

進相コンデンサと高調波の関係は？

1．進相コンデンサは高調波電流が流入しやすい？

交流の基本波に対するコンデンサリアクタンスを - 100 ％とすると，**第5高調波**ではコンデンサリアクタンスはその $\frac{1}{5}$ ですから，$-\frac{100}{5} = - 20$ ％となり，基本波に比べて第5高調波リアクタンスは $\frac{20}{100} = \frac{1}{5}$ となり，**5倍の高調波電流**が流入します．すなわち，進相コンデンサは**高調波電流**が流入しやすいことがわかります．

2．コンデンサ投入時の突入電流が非常に大きい？

並列に既充電のコンデンサがなければ，**突入電流の最大値** I_m〔A〕は，

$$I_m = I_p \times \left(1 + \sqrt{\frac{S}{Q}}\right) 〔A〕 \qquad (24・1)^{※1}$$

ここで，I_p：コンデンサ定常電流波高値〔A〕
　　　　Q：コンデンサ容量〔kvar〕
　　　　S：回路短絡容量〔kVA〕

例として，短絡容量 100〔MVA〕の施設で 100〔kvar〕のコンデンサを投入した場合の突入電流

I_m〔A〕は，

$$I_m = I_p \times \left(1 + \sqrt{\frac{S}{Q}}\right) = I_p \times \left(1 + \sqrt{\frac{100 \times 10^3}{100}}\right)$$
$$= I_p \times 33〔A〕$$

なお，並列に既充電のコンデンサのあるところでコンデンサを投入すると，上記の計算値より一桁多い非常に大きい突入電流が流れて，開閉器の接点が異常消耗したり，コンデンサにダメージを与えるほか，この回路のCTの二次側に異常電圧を発生してCT二次端子計器と継電器に閃絡※2を生じることもあります．

3．コンデンサが高調波を拡大することも？

図24.1 のように高調波発生源のある回路にコンデンサが設置されている場合，**高調波拡大**を引き起こし，配電系統への**電圧ひずみ増大**になることを以下に示します．まず高調波発生源は定電流源とみなすことができ，第3高調波は変圧器の△結線内で循環するため**電圧ひずみ**としては小さいので，**第5高調波**で考えることにします．

いま第5高調波 $I_5 = 100$ ％とすれば，配電系統へ I_{s5}，コンデンサへ I_{c5} と分流するので，

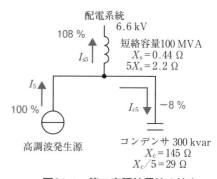

図24.1　第5高調波電流の拡大

$$I_{s5} = \frac{\dfrac{X_c}{5}}{5X_s - \dfrac{X_c}{5}} I_5 = \frac{-29}{2.2 - 29} I_5 = 1.08 I_5 = 108\ \%$$

$$I_{c5} = \frac{5X_s}{5X_s - \dfrac{X_c}{5}} I_5 = \frac{2.2}{2.2 - 29} I_5 = -0.08 I_5 = -8\ \%$$

となり，発生高調波 $I_5 = 100\ \%$ より配電系統には $1.08 I_5 = 108\ \%$ ですから**高調波が拡大**されたことになります．

以上より，自家用受変電設備の中で力率改善をして省エネルギーに貢献している**進相コンデンサ**に**問題点**もあることがわかりました．しかし，Q 23 でも触れましたが，**図24.2**のように進相コンデンサに直列リアクトルを取り付けることによって解決します．

次に，先に挙げた**進相コンデンサの三つの問題点**の対策を説明します．

4．高調波電流流入時の保護は？

進相コンデンサは高調波電流を吸収しやすいので，基本波電流を I_1，第5高調波電流を I_5 とすれば，進相コンデンサへの合成電流 I は，

$$I = \sqrt{{I_1}^2 + {I_5}^2} > I_1 \tag{24・2}$$

となり，高調波電流の増加とともに合成電流が増大するので，結果的に**過負荷**になります．このため，過大な高調波電流流入の可能性が予想される場合は，**高調波過電流継電器**を設置します．

高調波過負荷は，**進相コンデンサ**そのものより，対策のために設置した**直列リアクトルの過熱**が問題となります．

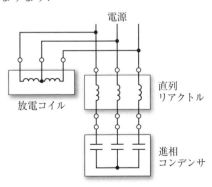

図24.2　進相コンデンサ設備

5．直列リアクトルが突入電流を抑制するのは？

図24.3 の回路で，抵抗 R は小さいので無視すると，突入電流の最大値 I_m は，

$$I_m = I_p \times \left(\frac{1}{\omega \sqrt{(L_o + L_s)C}} + 1 \right) \tag{24・3}^{※1}$$

ここで，$L_s = 6\ \%$ の**直列リアクトル**がある場合，$L_o \ll L_s$，$\omega L_s = \dfrac{0.06}{\omega C}$ より，$\omega^2 L_s C = 0.06$ であるとして，

$$I_m = I_p \times \left(\frac{1}{\sqrt{\omega^2 L_s C}} + 1 \right) = I_p \times \left(\frac{1}{\sqrt{0.06}} + 1 \right)$$
$$= 5.08 I_p \fallingdotseq 5.1 I_p$$

したがって，理論上定常電流波高値の**約5倍**となり，突入電流は抑制されます．

6．直列リアクトルで誘導性にすると？

進相コンデンサリアクタンスの**6％**の**直列リアクトル**を直列に接続すると，図24.1において

$$X_L = 0.06 X_C = 8.7\ (\Omega),\ 5X_L = 43.5\ (\Omega)$$

「3.」と同様に**第5高調波** $I_5 = 100\ \%$ とし，配電系統 I'_{s5}，コンデンサ設備に I'_{c5} と分流とするので，

$$I'_{s5} = \frac{-\dfrac{X_c}{5} + 5X_L}{5X_s - \dfrac{X_c}{5} + 5X_L} I_5 = \frac{-29 + 43.5}{2.2 - 29 + 43.5} \times 100 = 87\ \%$$

$$I'_{c5} = \frac{5X_s}{5X_s - \dfrac{X_c}{5} + 5X_L} I_5 = \frac{2.2}{2.2 - 29 + 43.5} \times 100 = 13\ \%$$

となり，発生高調波 $I_5 = 100\ \%$ は，配電系統には87％ですから高調波は拡大されません．

（注）

※1　JEMTR182：2003；（一社）日本電機工業会規格「電力用コンデンサの選定，設置及び保守指針」

※2　**閃絡（せんらく）**；高い電圧によって絶縁が破壊され，持続性アークにより短絡すること．

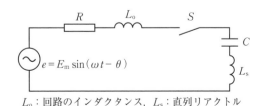

L_o：回路のインダクタンス，L_s：直列リアクトル

図24.3　直列リアクトル付きの進相コンデンサ回路

進相コンデンサと直列リアクトルの関係は？

高調波による過電流に対して**進相コンデンサ，直列リアクトルの許容電流の規定**がどうなっているかに焦点を当てます．

> **進相コンデンサと直列リアクトルは高調波をどのくらい許容できるか？**

1．直列リアクトルを設置しないと？

1998(平成10)年以前の小容量の**進相コンデンサ設備**には**直列リアクトル**が設置されていないことが多いので，Q 24 の図24.1で説明したように，**高調波拡大**を引き起こし，配電系統の**電圧ひずみ**の増大の原因となりました．このため，配電系統の高調波拡大を防止し，高調波抑制対策となることから，1998 年 3 月 20 日付けで高圧進相コンデンサ関連の **JIS** が改正され，**直列リアクトル**の取付けを原則としました．

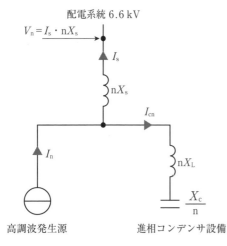

配電系統 6.6 kV

$V_n = I_s \cdot nX_s$

I_s

nX_s

I_{cn}

I_n

nX_L

$\dfrac{X_c}{n}$

高調波発生源　　　　進相コンデンサ設備

図25.1　進相コンデンサ設備の高調波等価回路

2．電圧ひずみと高調波電流の関係は？

一般にコンデンサ容量は，電源短絡容量に比べて非常に小さいので，第 n 次の高調波に対して，**図25.1**より，

$$nX_s \ll nX_L - \frac{X_c}{n} \tag{25・1}$$

ただし，X_s は系統インピーダンス

$$\therefore I_{cn} \simeq I_n \frac{nX_s}{nX_L - \dfrac{X_c}{n}} \tag{25・2}$$

$$I_s \simeq I_n \tag{25・3}$$

となり，この点の**第 n 調波電圧**を V_n とすると，

$$V_n = I_s \cdot nX_s \tag{25・4}$$

ですから，式(25・2)に式(25・3)，(25・4)を代入すると，

$$I_{cn} \simeq \frac{V_n}{nX_s} \cdot \frac{nX_s}{nX_L - \dfrac{X_c}{n}} = \frac{V_n}{nX_L - \dfrac{X_c}{n}} \tag{25・5}$$

したがって，コンデンサ設備に流入する**高調波電流**は，**電圧ひずみと進相コンデンサ設備のインピーダンスのみで決まります**．なお，「高調波抑制対策ガイドライン」でも示されているとおり，第 5 高調波を対象にしているので，**図25.2**より，式(25・5)の分母は $0.1X_c$，**第 5 調波電圧ひずみ率**が 3.5 % として，リアクトル付コンデンサに流入する**第 5 調波電流** I_{c5} は，式(25・5)より，

$$I_{c5} = \frac{0.035 V_1}{0.1 X_c} = 0.35 I_1 \tag{25・6}$$

となり，**基本波電流の 35 %** となります．

3．進相コンデンサ設備の高調波対策は？

直列リアクトルなしの**進相コンデンサ**だけでな

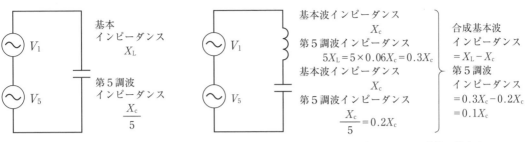

（a）コンデンサのみの基本波，
第5調波インピーダンス

（b）6％リアクトル付コンデンサ設備の基本波，
第5調波インピーダンス

図25.2　コンデンサのみと6％リアクトル付コンデンサ

く，家庭用エアコン等のように**インバータ**を持つ機器が著しく普及してきたため，家電製品から配電系統に供給される**高調波電流**も配電系統の**電圧ひずみ**増大の一因となってきました．このため，従来のように進相コンデンサ設備へ高調波を流れにくくするのではなく，進相コンデンサ設備で高調波電流を吸収して配電系統への**電圧ひずみの低減**を行うことがトータル的に**高調波抑制対策**となるとの考え方により，すべての**コンデンサ**に表**25.1**のように直列リアクトルを取り付けることを前提とした JIS 改正が行われました．

4．進相コンデンサ設備の許容電流は？

リアクタンス6％の直列リアクトル付進相コンデンサ設備の**高調波過負荷許容限界**について考えます．

コンデンサ

基本波電流と第5調波電流の許容合成値，すなわち，**最大許容電流**として定格電流の130％とすることだけを規定し，**高調波電流**の含有率については規定していませんが，次のように考えると計算で算出できます．基本波電流が定格電流の100％である場合，

$$\sqrt{100^2 + \Sigma I_n^2} = 130$$
$$\therefore \sqrt{\Sigma I_n^2} = \sqrt{130^2 - 100^2} = 83$$

となって，定格電流の83％までの**高調波電流**が流入しても支障を生じないことになります．

直列リアクトル

直列リアクトルの**高調波許容電流**は，表25.1のように**第5調波電流**で基本波電流の35％以下

表25.1　JIS 改正後の高調波対策

			一般	高調波対策品	
改正前	直列リアクトル	リアクタンス	L=6％	L=8％	L=13％
		定格	6 kvar 229 V	8.7 kvar 331 V	14.9 kvar 569 V
		許容第5高調波電流	35％	35％	35％
	コンデンサ	定格	100 kvar 6 600 V	109 kvar 7 170 V	115 kvar 7 590 V
			特高受電設備用	一般高調波対策品	高耐量高調波対策品
改正後	直列リアクトル	リアクタンス	L=6％		L=13％
		定格	6 kvar 229 V		14.9 kvar 569 V
		許容第5高調波電流	許容電流種別Ⅰ 35％	許容電流種別Ⅱ 55％	許容電流種別Ⅰ 35％
	コンデンサ	定格	106 kvar 7 020 V		115 kvar 7 590 V

としているため，式(25・6)により，**第5調波電圧ひずみ率**が3.5％を超えれば，**直列リアクトル**の過熱・焼損を生じます．しかし，**コンデンサ**の方は83％の**高調波電流**に耐えられるため異常なしです．

したがって，**電圧ひずみ率**が4％を超える場合は，さらに**高調波耐量**の大きい**直列リアクトル**を使用します．

受変電・保護継電器❽

26 保護協調とは？

万が一受電設備の事故が発生した場合，当該保護装置が速やかに動作して事故源を切り離し，事故範囲を最小に抑えて波及事故を起こさないようにすることが第一です．

そのためには，受電設備の保護装置である保護継電器の整定に当たって電気事業者と保護協調を図る必要があります．

保護協調とは？

A 26

1．受電設備の事故とは？

ここでいう事故とは，短絡事故と地絡事故をいいます．短絡事故は，電路が負荷を経由しないで直接接続されること，つまり負荷はある大きさのインピーダンスを持ちますが，短絡は0に近いインピーダンスになるので過大な電流が流れ，電圧が著しく低下します．一方，地絡事故は，電路は通常大地と絶縁するのが原則ですが，電路から大地に電流が流れることを指します．地絡事故時に流れる電流を地絡電流といいますが，低圧では漏れ電流と表現しています(Q16 参照)．

2．波及事故を起こさないためには？

波及事故の約9割が受電点から主遮断装置(図26.1)の間のケーブルに起因することから，受電点に GR 付高圧負荷開閉器，通称 GR 付 PAS の取付けが，その対策になります(図26.1，写真26.1)．

また，波及事故防止のためには，受電設備と配電用変電所(以下「配変」という)の保護装置は，保護協調を図る必要があります．この保護協調は，前出の電気事故に対応して二つあります．過電流保護協調と地絡保護協調で，高圧受電設備規程より，まとめると次のようになります．

1．主遮断装置は，配変の過電流保護装置との動作協調を図ること．
2．地絡遮断装置は，配変の地絡保護装置との動作協調を図ること．
3．主遮断装置および地絡遮断装置の動作時限整定は，動作協調を図るため電気事業者と協議すること．

3．過電流保護，地絡保護の原理は？

過電流保護の原理は，図26.2のように過負荷，短絡に対して，CB 負荷側に取り付けた変流器から電流入力を得て過電流を検出し，OCR が CB に遮断指令を与えることによって遮断します．

地絡保護の原理は，図26.1，26.2のように保

写真 26.1　GR 付 PAS

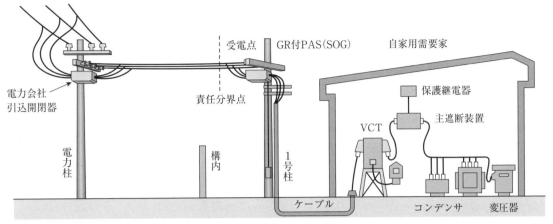

図 26.1　GR付 PAS の位置

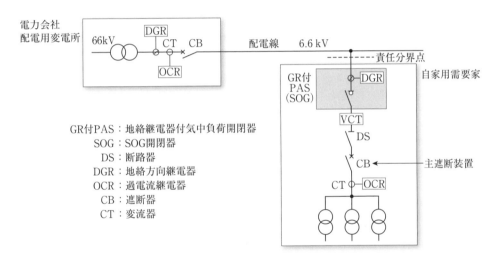

GR付PAS：地絡継電器付気中負荷開閉器
　　SOG：SOG開閉器
　　　DS：断路器
　　DGR：地絡方向継電器
　　OCR：過電流継電器
　　　CB：遮断器
　　　CT：変流器

図 26.2　配電用変電所と自家用需要家の保護装置

安上の責任分界点に **GR付 PAS** を設けるため，PAS に内蔵されている二つのセンサー（ZCT[※1]，ZPD[※2]）によって地絡電流のほかに零相基準入力（電圧）を検出し，需要家構内の**地絡事故**を検出し，PASが動作します．このように **GR付 PAS** には，電源側と負荷側のいずれの地絡事故であるかを判別して動作する**方向性**を持ったものが推奨されます．なお，**GR付 PAS** の機能と動作説明を図26.3 に示します．

（注）

※1　**ZCT**：零相変流器のこと，零相電流を検出．

※2　**ZPD**：零相基準入力装置の一つで，零相電圧検出装置のこと．

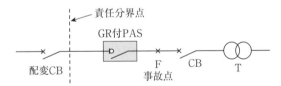

F点地絡事故：PAS動作
F点過電流事故：PASロック→ 配変CBトリップ→ PAS動作

図 26.3　GR付 PAS の機能と動作説明

保護継電器の整定の計算は？

過電流継電器の整定計算の方法を説明します.

> 過電流継電器の整定の計算は？

1. 過電流保護協調の考え方は？

選択遮断協調

電気事業者の**配電用変電所**(以下「配変」という)と自家用需要家の**高圧受電設備**(以下「受電設備」という)は,**電流協調**と**時限協調**を図ることが必要です. 配変の**過電流継電器**の動作時間は,図27.1のように上位系統からの段階的時間差による制約で固定されています. このため受電設備は,**段階時限**による**選択遮断方式**が採用されています.

配変との保護協調

配変の**過電流継電器**(以下「OCR」という)は,現在,**反限時特性**ではなく,図27.2に示す①動作電流値,②動作時限の2点によって管理される**ディジタル静止形継電器**が採用されているので,電流,時間ともに**協調**させる必要があります.

2. 保護継電器の特性とOCR特性の関係は？

動作時間特性

保護継電器の特性を表すものは,電流入力(整定値電流)と動作時間との関係を曲線で表すものとして,図27.3に示す**動作時限特性**があります. この特性には,同図に**反限時,超反限時,定限時,反限時定限時**の4種類を示しました.

OCRの特性

OCRの特性には**限時特性**と**瞬時特性**があります. OCRは,過負荷に対しては**限時特性**で検出し,短絡に対しては**瞬時特性**で検知して動作するようにします.

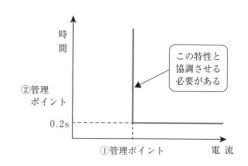

図27.2 配変OCRの動作特性

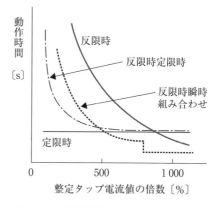

図27.3 保護継電器の動作時限特性

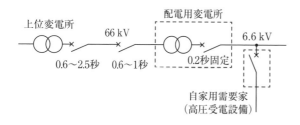

図27.1 送配電系統の過電流継電器(OCR)動作時間整定例

3．CB 形受電設備の整定の計算は？

> ㊟高圧 6.6 kV 受電，契約電力 1 700 kW，
> 受電用遮断器 7.2 kV，12.5 kA（3 Hz）
> モールド変圧器 11 台，直列リアクトル付コンデンサ 9 台，受電設備の構成として，その一部を図 27.4 に示しました．**定限時 1 秒形の OCR（誘導形），瞬時要素**付，CT 比 250/5

限時要素の整定計算

タップ値は，

$$\frac{1\,700}{\sqrt{3}\times 6.6\times 0.9(\text{力率})}\times \overset{*}{1.5}\times\frac{5}{250}$$

$= 4.96\ \text{A}$ ⟶ 整定値 5 A（CT 一次 250 A）

動作時間のレバーは，目盛を 1 以下にすると接点間隙が小さくなって，振動や衝撃で誤動作するおそれがあるため，**目盛を 2** とすると，

$$1\,\text{秒}\times\frac{2}{10}=\mathbf{0.2\,秒}$$

瞬時要素の整定計算

$$\frac{1\,700}{\sqrt{3}\times 6.6\times 0.9(\text{力率})}\times \overset{*}{6}\times\frac{5}{250}=19.8\ \text{A}$$

⟶ **整定値 22 A**（CT 一次 1 100 A）

次に，**瞬時要素**が次の三つの条件を満足することを確認します．

①**配変 OCR と動作協調**がとれていること．このことは「Q 28 保護協調曲線の描き方」の図 28.3 の**保護協調曲線**で確認します．

②故障電流の最大短絡電流は**三相短絡電流**で，最小短絡電流は二相短絡電流ですから，整定値は**二相短絡電流より小さいこと**．これも上記同様，図 28.3 の**保護協調曲線**で確認します．

③受電用 **CT の飽和によって，瞬時要素が不動作とならない**ようにすること．すなわち，CT の**過電流定数**は CT の飽和の性質を示す定数ですから，整定値が CT の**過電流定数**を考慮した数値以内に収まるように設定されているかです．**定格過電流定数** $n > 10$ は，定格二次負担の値で，実際の使用負担は，この数値より小さいので**実質過電流定数** $n' > n$ となります（Q 4 参照）．

よって，CT 定格二次電流 × 実質過電流定数 ＞ 5 A × 10 ＝ 50 A となり，整定値 22 A は 50 A より

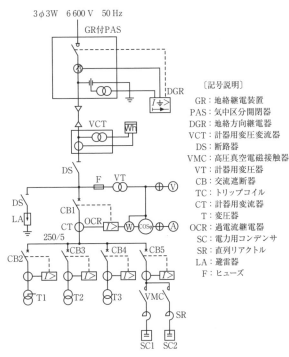

3φ3W 6 600 V 50 Hz
GR付PAS
DGR
VCT
Wh
DS
F
VT
V
DS
LA
CB1
CT
OCR
W
cosφ
A
250/5
CB2
CB3
CB4
CB5
T1
T2
T3
VMC
SR
SC1
SC2
〔記号説明〕
GR：地絡継電装置
PAS：気中区分開閉器
DGR：地絡方向継電器
VCT：計器用変圧変流器
DS：断路器
VMC：高圧真空電磁接触器
VT：計器用変圧器
CB：交流遮断器
TC：トリップコイル
CT：計器用変流器
T：変圧器
OCR：過電流継電器
SC：電力用コンデンサ
SR：直列リアクトル
LA：避雷器
F：ヒューズ

図 27.4 CB 形受電設備の構成例

下回っているので問題ないことがわかりました．

また，**動作時間**は製造者の保証値より 20 ms，これに遮断器の遮断時間 60 ms（3 Hz）を加算して，

20 ms ＋ 60 ms ＝ 80 ms

このほかに**瞬時要素**は高速度で動作するため，変圧器の励磁突入電流（Q 4 参照）等で誤動作しないように検討が必要です．また短絡保護を確実に行うには，今まで説明してきた**動作協調**のほか，保護継電器が短絡電流を遮断完了するまでの間，電源から短絡事故点までの**短絡電流**に対して電線，ケーブル，機器が耐えるようにしなければなりません．機器・材料が**短絡電流**に対して耐えるようにすることを**短絡強度協調**を図るといいます．このように短絡電流に対して**保護協調**を図るには，**動作協調**と**短絡強度協調**の両方が満足されなければなりません．

Q 28 は，以上の計算結果を使って保護協調曲線を描き，実際の整定の方法を説明します．

＊高圧受電設備規程 2120-7 表の動作電流整定値の係数

28 保護協調曲線の描き方は？

ここで取り上げるのは，ディジタルリレーを採用した東京電力管内の配変 OCR と旧型の誘導円板形 OCR 採用の比較的契約電力の大きい高圧需要家の受電設備との**保護協調曲線**です．

> OCR の保護協調曲線の描き方は？

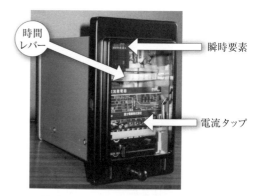

写真 28.1 誘導形過電流継電器

1．保護協調曲線とは？

図 28.1 のように横軸に電流〔A〕，縦軸に時間〔s〕をとった両対数方眼紙を用いて，配変フィーダ用 OCR（以下「**配変 OCR**」という）と高圧受電設備 OCR（以下「**受電 OCR**」という）それぞれの整定電流に対する入力電流値の動作時間との関係を示す**特性曲線**を描きます．この二つの関係を示すのが**保護協調曲線**で，配変 OCR よりも受電 OCR の特性曲線が全電流領域において下側にあれば，**保護協調が図れている**といいます．すなわち，**動作協調**がとれていることになります．このとき，**受電 OCR が瞬時要素付きでないと**，同図中の点線のように**配変 OCR** が**受電 OCR** よりも下側に

ある領域部分（同図の矢印）が存在するので，**配変 OCR** の方が先に動作して**配変フィーダ用遮断器がトリップ**するため**波及事故**となります，

2．保護協調曲線を描くには？

① 電流値はすべて**高圧側に換算**する．

② **電流タップ**は，受電 OCR が負荷電流で動作せず，短絡電流（最小）の**1/10 以下**とする．

③ 写真 28.1 のように OCR には，入力電流と時間との関係を示す**特性曲線**が取り付けられていますが，これは**時間レバー**がレバー 10 の位置における最大時間です．**レバーを小さくする**

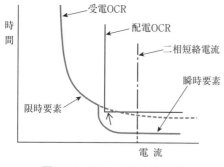

図 28.1 OCR の動作協調例

表 28.1 OCR 動作時間精度表

電流入力 （100%＝整定値電流）		精度 ε〔%〕		
		300 %	500 %	1 000 %
最小タップ	レバー10	1.45 Sec ±12	1.05 Sec ± 7	0.83 Sec ± 7
	レバー7	1.015 Sec ±10		0.58 Sec ± 6
	レバー4	0.58 Sec ± 8		0.332 Sec ± 5
	レバー1	0.145 Sec ± 6		0.083 Sec ± 4
その他のタップ	レバー10	1.45 Sec ±18	1.05 Sec ±10	0.83 Sec ±10

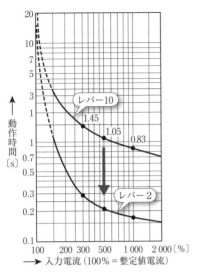

図28.2　動作時間を早くするには

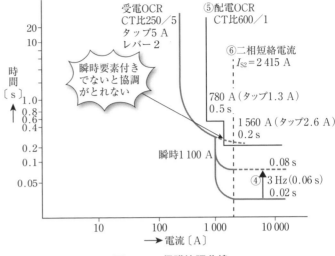

図28.3　保護協調曲線

と図28.2のように動作時間が早くなります.

なお，各レバー位置の**動作時間精度表**を**表28.1**に示しました.

④　OCRの特性には遮断器の**遮断時間**を加味します(**図28.3**).

⑤　配変**OCR**の特性を重ねて**保護協調曲線**を描きます(**図28.3**).

⑥　**瞬時要素の整定値**を決定する短絡電流は，電力会社に問い合わせると受電点の**三相短絡電流**がわかるので，**最小の短絡電流**は，その値の$\times \sqrt{3}/2$となります(二相短絡電流).

3．実際の保護協調曲線は？

「2．保護協調曲線を描くには？」と整定の計算結果を使って，実際の**保護協調曲線**を描くと，図28.3のようになりました.　なお，配変のOCRは，電力会社に確認したところ，同図のように**二段限時**で，CT比600／1，一段目1.3 A（780 A）で0.5秒，二段目2.6 A（1 560 A）で，0.2秒の整定でした.　同様に，**受電点の短絡電流は2 789 A**だから，**二相短絡電流は，2 789 A** $\times \sqrt{3}/2$ =2 415 Aとなって，受電OCRの**瞬時値整定値1 100 A**は，これを下回る値なので問題ありません.　さらに**瞬時要素付きOCR**に3**サイクル遮断器**を組み合わせれば，同図のように**保護協調**が図れます.

そのほか，**保護協調**にあたっては，配変OCR

の**慣性特性係数**，受電OCRと需要家下位のOCR，低圧MCCBとの動作協調についても検討が必要です.

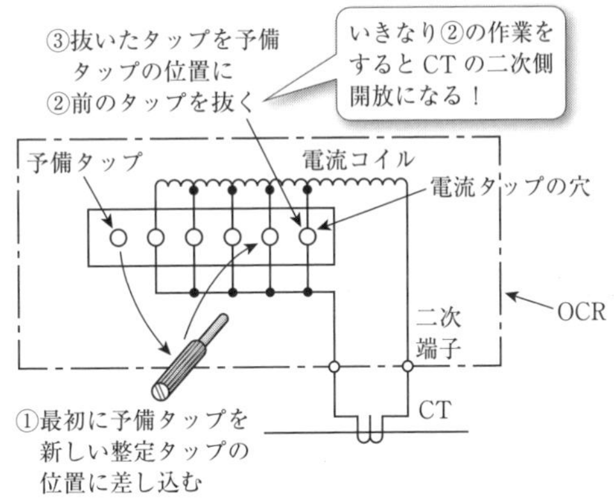

4．整定のしかたは？

電流タップの切替えは，**CTの二次側開放**にならないように，**図28.4**のように**予備タップを外して新しい整定タップ電流値の位置にねじ込み，その後に今まで使用していた整定電流値のタップねじを外して，これを**予備タップの位置に入れます.　瞬時要素は瞬時要素整定棒を回転させると瞬時要素表面の目盛板上を整定指針が移動します.

時間レバーは，写真28.1のようにOCR表面のほぼ中央にあり，**目盛板には0～10の目盛**があるので，希望の目盛にレバーを合わせます.

図28.4　OCR電流タップの変更

受変電・保護継電器⓫

29 地絡継電器の整定は？

地絡保護協調の考え方と**地絡継電器**の整定を取り上げます.

地絡継電器の整定は？

1. 地絡保護協調の考え方は？

受電設備波及事故の大部分は地絡事故ですから, **ZCT**（零相変流器）の**負荷側**で発生した地絡事故（**内部地絡事故**）はすべて受電地絡継電器が動作する必要があります. 一方, **ZCT**の**電源側**の地絡事故（**外部地絡事故**）は, 配変地絡継電器が動作することになります. **受電地絡継電器**は, 図**29.1**のように事故電流の大きさにほとんど左右されず定限時特性となっているうえ, 一般に時限整定ダイヤルがなく即時動作のため動作時限的には問題なく, 感度電流値を適切に選定すれば, **配変地絡継電器と保護協調**がとれます. しかし, 受電設備側の高圧ケーブルが長いと**外部地絡事故**でも受電地絡継電器が誤動作する, いわゆる**不必要動作**のおそれがあります. このような場合には**地**

絡方向継電器（以下「**DGR**」という）を使用します.

これに対し**方向性**を持たない地絡継電器を**GR**と略称します. **DGR**は時限整定ダイヤル付きのものが多いため, 配変地絡継電器との**時限協調**を必要とするので, 整定にあたっては**保護協調**上から, 配変側, すなわち電気事業者との協議が不可欠となります.

2. 地絡方向の判別は？

地絡方向継電器は, 地絡事故が受電設備に設置された**ZCT**を境として**電源側**（図**29.2**の**K**側）か, **負荷側**（図**29.3**の**L**側）かを判別できるものです.

外部地絡事故は, 図**29.2**のようにA点が地絡点ですから, **ZCT**の負荷側の対地静電容量[1]C_2に**地絡事故** I_{g2} が流れ込み, **ZCT**を貫通して地絡点に戻ります. 次に図**29.3**のB点が地絡点である**内部地絡事故**の場合は, 電源側対地静電容量 C_1 に流れ込み, **ZCT**を貫通して地絡点に戻ります.

つまり, **ZCT**を基準とすると, 地絡電流の流れる方向が**外部地絡事故**では**L→K**, **内部地絡事故**では**K→L**へと流れます. このときに**地絡電流** I_g の方向は**零相電圧** V_0 を基準にして判別できます.

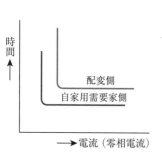

図 29.1 地絡保護協調曲線

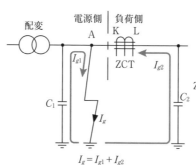

図 29.2 外部地絡事故

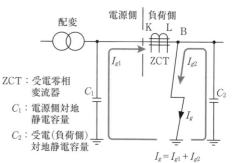

ZCT：受電零相変流器
C_1：電源側対地静電容量
C_2：受電（負荷側）対地静電容量

$I_g = I_{g1} + I_{g2}$

図 29.3 内部地絡事故

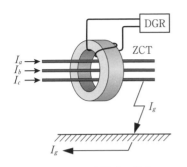

図29.4　地絡電流の検出

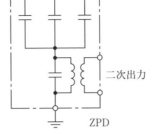

図29.5　零相電圧の検出

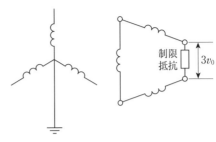

図29.6　配変のEVT

3．地絡電流の検出のしかたは？

地絡事故が発生すると**地絡電流** I_g が流れ，**地絡電流の成分はすべて零相電流**（Q16参照）です．このとき現れるのが零相電圧です．なお，受電設備と配変では，地絡事故の**検出の**しかたや使用する**機器**が多少異なります．

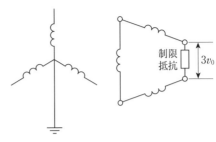

図29.7　配変の地絡遮断のトリップダイヤグラム

[受電設備]

地絡電流は，**図29.4**のように**ZCT**と**DGR**により検出しています．ZCTは，電線3本を貫通させて使用し，通常状態では三相電流の和は0となるためZCT中に磁束は生じないのでZCT一次側に出力はありません．しかし，ZCT負荷側に**地絡事故**があれば，**地絡電流** I_g がZCTを貫通し磁束を発生するので**地絡電流** I_g を検出し，ZCT二次側に出力します．なお，**零相電圧**の検出には，**図29.5**のようなコンデンサを丫結線し，中性点に挿入したコンデンサで分圧して出力する**零相電圧検出用コンデンサ**または**零相蓄電器**（以下「**ZPD**」あるいは「**ZPC**」という）が用いられます．これが，**地絡電流**のほかに地絡の方向を判別するための**零相基準入力**です．

[配電用変電所]

配変の地絡保護は，一般に二つの継電器の組み合わせで構成されます．一つは配電線フィーダ（以下「フィーダ[※2]」という）ごとに取り付けられた**ZCT**で検出した**零相電流** I_0 と図29.6のような**接地形計器用変圧器**（以下「**EVT**」という）で検出した**零相電圧** V_0 の組み合わせによる位相判別をして，地絡事故が発生したフィーダのみを選択遮断できる**DGR**です．もう一つはEVTの**零相電圧**だけで動作する**過電圧地絡継電器**（以下「**OVGR**[※3]」

という）です．それぞれの継電器は独立したa接点を持ち，両者が同時または連続した動作が0.9秒以上継続したとき，該当フィーダの**遮断器**がトリップする回路構成になっています（**図29.7**）．

4．整定のしかたは？

受電設備の地絡保護に関しては，受電設備側の地絡事故で配変のDGRを動作させないように配変との**地絡保護協調**を図ることが必要です．

配変のDGRの電流感度整定値が200 mA，動作時間は0.9秒，OVGRの電圧感度整定値が三次オープンデルタ電圧で20 V（10 ％）となっていることから，**受電設備側はそれぞれ200 mA以下，0.2秒，10 V（5 ％）とすることが望ましい**とされます．いずれにしても**受電設備のDGR，OVGRの整定は，電気事業者との協議事項**となります．

（注）

※1　対地静電容量；電線等の導体と大地との間の静電容量．

※2　フィーダ；給電線（饋電線）ともいい，配変から電力を供給する線路または電線のこと．

※3　OVGR；系統と連系する発電機を設置する場合の系統地絡事故検出用の保護リレー．

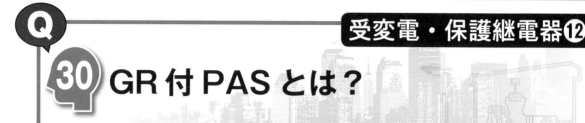

Q **30** GR付PASとは？

受変電・保護継電器⓬

Q26に登場した**GR付PAS**って何でしょうか．今回は，**GR付PAS**に焦点を絞って説明します．

> GR付PASって何ですか？

1．GR付PASって何？

GRは，Ground Relayの略で「**地絡継電器**」，**PAS**はPole Air Switchの略で「**柱上気中負荷開閉器**」のこと．正式には**地絡継電装置付高圧交流負荷開閉器**です．高圧受電設備規程1110-2により，保安上の責任分界点には**区分開閉器**を施設することが定められており，**区分開閉器**には**高圧交流負荷開閉器**を使用することとしています．

したがって，区分開閉器に必ず**GR付PAS**を設置する義務はないものの，**図30.1**のように区分開閉器と主遮断装置間が地中ケーブルである場合はケーブルの地絡事故が配変への**波及事故**とならないためにも，この**GR付PAS**を施設することが推奨されています．

なお，誤動作防止のためには**GR**より**DGR**の方が優れています．

2．GR付PASはSOG開閉器と同じ？

GR付PASは，受電設備でどんな役割を担うのでしょうか？ **GR付**ですから，**地絡事故**を検出して**トリップ**することは想像できます．

Q26の図26.1中に**GR付PAS**（SOG）と記載されていますが，この**SOG**は何を意味するのでしょうか？ Storage Over Current Groundの略で，「**過電流蓄勢トリップ付地絡トリップ**」の意味です．すなわち，**G動作**とは，地絡事故に対して即時トリップします（**図30.2**）．もう一つの役割が**SO動作**と称して，**図30.3**のように需要家Aの**短絡事故**に対して**PAS**は遮断能力を持たないので**ロック**され（同図（a）），電気事業者**配変の遮断器**が動作し（同図（b）），**SOG制御装置**の制御電源が無電圧であることを確認して**GR付PAS**が**トリップ**（同図（c））します．よって，事故点が切り離され，**配変の遮断器**の**再閉路**が成功する（同図（d））ので**波及事故防止**になります．これを**過電流蓄勢トリップ**といって，配変の**再閉路**

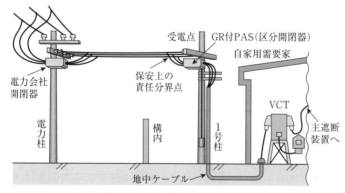

図30.1　GR付PASの取付け

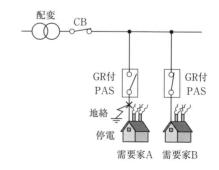

図30.2　GR付PASのG動作（地絡動作）

が成功するので**波及事故**として扱いません．

なお，**地絡・短絡事故**が重なった場合は**蓄勢ト**
リップが優先しSO動作になります．GR付PAS
の**短絡事故**は，**過電流事故**の一つですから**過電**
流事故に対してSO動作となります．すなわち，
GR付PASは必ず**SOG制御装置**と組み合わせて

使用されることから**SOG開閉器**とも呼ばれます．

3．GR付PASがあれば主遮断装置には？

高圧受電設備規程によれば，区分開閉器が**GR**
付PASである場合は**主遮断装置**は地絡による開
放の義務はなくなります．

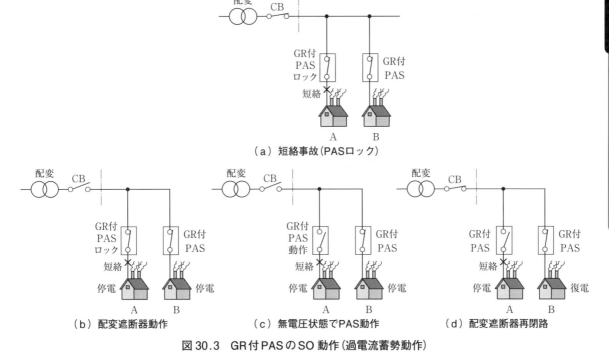

(a) 短絡事故(PASロック)

(b) 配変遮断器動作 ／ (c) 無電圧状態でPAS動作 ／ (d) 配変遮断器再閉路

図30.3　GR付PASのSO動作(過電流蓄勢動作)

問題30.1　図は，高圧受電設備(受電電力500〔kW〕)の単線結線図の一部である．次の(a)と(b)の問い
に答えよ．

(a)　図の矢印で示す(ア)に設備する機器の名称(略号を含む)を答えよ．

(b)　図の(イ)で示す地絡継電器装置付高圧交流負荷開閉器(GR付PAS)に関する記述で**不適切なものは**．

　　イ．GR付PASは，地絡保護装置であり，保安上の責任分
　　　　界点に設ける区分開閉器ではない．
　　ロ．GR付PASの地絡保護装置は，波及事故を防止するた
　　　　め，電気事業者との保護協調が大切である．
　　ハ．GR付PASは，短絡等の過電流を遮断する能力を有し
　　　　ないため，過電流ロック機能が必要である．
　　ニ．GR付PASの地絡継電装置は，需要家構内のケーブル
　　　　が長い場合，対地静電容量が大きく，他の需要家の地
　　　　絡事故で不必要動作する可能性がある．このような施
　　　　設には，地絡方向継電器を設置することが望ましい．

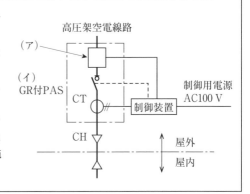

〔解説・解答〕　図中の制御装置はSOG制御装置のこと．(a)－**ZCT**または**零相変流器**　(b)－**イ**

31 避雷器とは？

建築物に**避雷針**が施設されている場合に，なぜ**避雷器**が必要なのでしょうか？

> 避雷器の施設箇所は？

1. 雷の発生は？

上方に冷たい密度の大きい空気が，下方に暖かい湿度の高い空気が存在すると，下方の暖かい空気が上昇気流となって上昇し，上方の冷たい空気が下降して**雷雲**が発生します．この**雷雲**が電荷を蓄積して電界強度が次第に大きくなり，空気の絶縁破壊電圧を超えると正負電荷間で火花放電が発生します．これが**落雷**です．夏季雷は図**31.1**のように負極性が多く雷雲の位置が高くなります．これに対して冬季雷は正極性の放電もあり，雷雲の位置が低く放電電流が小さくても被害が大きい傾向にあります．夏季雷，冬季雷とも直撃雷です．

また，雷による**異常電圧**を考えると，雷が建築物，電力設備等へ直接落雷する時に発生する電流，電圧ともきわめて大きい**直撃雷**と，落雷した場合に図**31.2**のように雷の放電路を流れる電流により雷雲下の電線路上に異常電圧が発生する**誘導雷**があります．なお，直撃雷はほとんど負極性，誘導雷は正極性が多いことが特徴です．

2. 避雷針とは？

建築基準法では，高さ20 mを超える建築物には有効な**避雷設備**の設置が義務づけられています．

避雷設備は，受電部（突針部），引下げ**導体**および**接地極**から構成され，JIS A 4201 の中で図**31.3**のように**保護範囲**は一般建築物60°，危険物庫等は45°以下とされています．しかし，建築基準法上の基準として最新のものは，IEC規格に整合させた JIS A 4201 を改正した内容で，図**31.4**のように突針の高さによって保護角のとり方を変えています．

なお，突針部を**避雷針**と呼んでおり，**避雷針**には突針方式のほかに**水平導体方式**（むね上導体方式，架空地線），**ケージ方式**があります．

この**避雷針**は建築物への**直撃雷**とその**雷電流**に

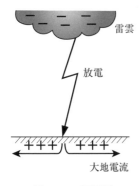

図 31.1　夏季雷

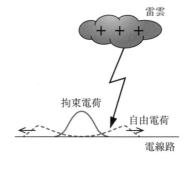

図 31.2　誘導雷

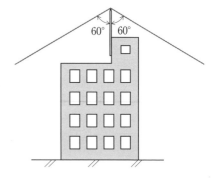

図 31.3　避雷針

よって生じる被害の防止を目的としています．すなわち，**避雷針の役割**は，**直撃雷を突針やむね上導体等の受電部で受け止めて**，その**雷電流を引下げ導体**を通じて**接地極**(大地)へ安全に放流することです．では，外部から建築物に引込みされている**電力線**や**通信線**は，この**避雷針**によって保護されるでしょうか．落雷による**雷サージ**[※1]は建築物にこれらの引込線を通じて侵入し，回路や機器に損傷を与える危険な値になるので，そのためには**雷サージを侵入させない対策**が必要になります．

3．避雷器とは？

架空電線路から侵入する雷サージから受電設備機器の破損を防止するため，電力引込線の引込口またはこれに近接する箇所には，電気設備技術基準の解釈第37条により**避雷器**の施設が義務づけられています．

ところで受電設備の高圧機器の**絶縁レベル**は，JEC-0102の規定により公称電圧6.6 kVの場合，**商用周波耐電圧**[※2]（1分間）は22 kV，**雷インパルス耐電圧**[※3]は60 kVとなっています．これに対し**避雷器**は，誘導雷サージや開閉サージが**避雷器の雷インパルス放電開始電圧**[※4]（33 kV）より大きくなると，**避雷器**が放電してサージ電圧を低減し，電路の**絶縁レベル**以下に抑制します（**図31.5**）．なお，高圧では電路の絶縁強度として60 kVが採用され，**避雷器の制限電圧**[※5]は33 kV以下に

設定されています．

4．GR付PASに避雷器を設置したときは？

避雷器の施設箇所は，雷サージが侵入してくる電力引込口とするのが基本です．**図31.6**のように構内1号柱の**GR付PAS**に避雷器を設置しても，受電設備まで比較的長い距離のケーブルで接続される場合は，**避雷器**の保護効果が受電設備に及ばない場合があります．このような場合は，受電設備の主遮断装置の近接する箇所にも**避雷器**を設置します．

(注)

※1 **雷サージ**：雷によって発生する有害な過電圧や過電流のこと．

※2 **商用周波耐電圧**；1分間程度印加して絶縁破壊を生じることなく耐えることのできる商用周波の電圧．

※3 **雷インパルス耐電圧**；絶縁破壊を生じない所定の波高値のインパルス電圧．

※4 **雷インパルス放電開始電圧**；雷インパルス電圧により避雷器が放電する場合，端子間電圧の降下が始まる以前に達し得る端子間電圧の最高瞬時値．

※5 **制限電圧**：避雷器が放電中に過電圧が制限されて残留する避雷器の両端子間の雷インパルス電圧で，波高値で表す．

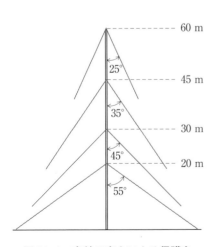

図31.4　突針の高さによる保護角

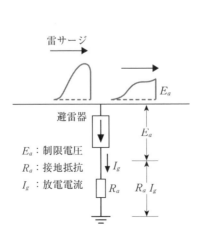

E_a：制限電圧
R_a：接地抵抗
I_g：放電電流

図31.5　避雷器による雷サージ抑制効果

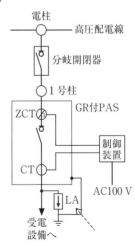

図31.6　GR付PASに避雷器設置

Q
32 短絡接地とは？

受変電・保護継電器⓮

高圧または**特別高圧**の電路では電気設備の工事や点検等で**停電作業**を行う場合の措置として，労働安全衛生規則より**短絡接地**が義務づけされます．

短絡接地とは？

1．短絡接地とは？

高圧または**特別高圧**の電路[1]において**停電作**業を行う場合に感電事故防止のため，開路した電路に**図32.1**のような**短絡接地器具**を取り付けて

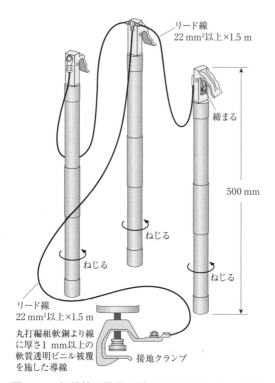

リード線
22 mm²以上×1.5 m

締まる

500 mm

ねじる

ねじる

ねじる

リード線
22 mm²以上×1.5 m

丸打編組軟銅より線
に厚さ1 mm以上の
軟質透明ビニル被覆
を施した導線

接地クランプ

図 32.1　短絡接地器具の例((株)希望電機のカタログより)

危険防止を図ることをいいます．

2．短絡接地が必要な理由は？

高圧または**特別高圧**の電路において**停電作業**を行うとき，誤通電により作業中の電路が不意に充電された場合でも，**短絡接地**をしていれば配変の保護継電器が瞬時に動作し遮断器をトリップして，作業者を**感電の危険**から防止する役割を果たします．このため**接地抵抗**はできるだけ低くするとともに，**短絡接地器具**のリード線は溶断しないよう十分な電流容量を有するものを使用します．

すなわち，**短絡接地**は，この**短絡接地器具**の取付けによる，誤通電による作業者の**感電災害**からの危険防止対策です．このことは，**労働安全衛生法**第20条に基づく同法**労働安全衛生規則**第339条に次のように定められており，法律で義務づけられているものです．

> **労働安全衛生規則第339条**（抜粋）
> 事業者は，電路を開路して，当該電路又はその支持物の敷設，点検，修理，塗装等の電気工事の作業を行うときは，当該電路を開路した後に，当該電路について，次に定める措置を講じなければならない．（途中略）
> 一　略
> 二　略
> 三　開路した電路が**高圧**又は**特別高圧**であったものについては，検電器具により停電を確認し，かつ，誤通電，他の電路との混触又は他の電路からの誘導による感電の危険を防止するため，**短絡接地器具**を用いて確実に**短絡接地**すること．
> 2．略

3．短絡接地の方法は？

　高圧受電設備の場合は，停電作業時に開路した電路に人の手によって短絡接地器具を取り付けて短絡接地を行いますが，特別高圧受電設備の場合は通常，受電 DS の線路側に接地装置が施設されているため，操作スイッチによって短絡接地を行うことができます．ここでは，高圧受電設備を中心に短絡接地の方法を説明します

停電操作後の措置として次のことを行う．
① 　電気用ゴム手袋を着用して，検電器によって停電の確認を行う．
② 　開路した電路に電力用ケーブル，電力用コンデンサが接続されている場合は絶縁用保護具※2を使用して残留電荷※3を確実に放電させる．
③ 　図32.2のように短絡接地器具を使用して確実に短絡接地を行う．短絡接地器具は，まず接地側金具を接地極に取り付け，次に停電した電路の電源側に一番近い部分の各相に頭部フック金具を取り付ける．取外しは逆の順序で行う．

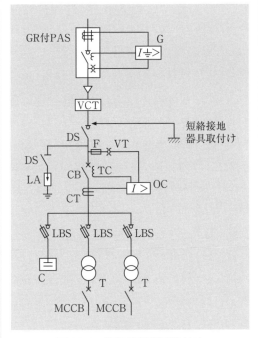

図 32.2　短絡接地器具取付け

写真 32.1　短絡接地器具の取付け状況

　なお，写真 32.1 は断路器(DS)電源側に短絡接地器具を取り付けた現場の一例です．

問題 32.1　高圧受電設備の年次点検において，電路を開放して作業を行う場合は，感電事故防止の観点から，作業箇所に短絡接地器具を取り付けて安全を確保するが，この場合の作業方法として，誤っているものは．

イ．取付けに先立ち，短絡接地器具の取付け箇所の無充電を検電器で確認する．
ロ．取付け時には，まず電路側金具を電路側に接続し，次に接地側金具を接地線に接続する．
ハ．取付け中は，「短絡接地中」の標識をして注意喚起を図る．
ニ．取外し時には，まず電路側金具を外し，次に接地側金具を外す．

(2013年第一種電気工事士試験より)

〔解説・解答〕　本文3．停電操作後の措置参照．
(答)　ロ．

(注)
※1　電路；通常の使用状態で電気の通じているところ．
※2　絶縁用保護具；露出充電部分を取り扱うとき，感電防止のため身体に着用する保護具．電気用ゴム手袋，電気用保護帽，電気用長靴等．
※3　残留電荷；静電容量に一度電圧をかけると電源を遮断しても電荷が残り，人が触れると感電する，電源遮断後の残った電荷のこと．電力用ケーブル，コンデンサは静電容量とみなせる．

問題で確認③　受変電

問題③-1

キュービクル式高圧受電設備に関する記述として,「日本産業規格(JIS)」上, **不適当なもの**はとれか.

1. 主遮断装置の形式がCB形の場合, 受電設備容量は4 000 kV・A以下である.

2. 主遮断装置の形式がPF・S形の場合, 受電設備容量は300 kV・A以下である.

3. 前面保守形(薄形)は, 機器の操作, 保守・点検, 交換等の作業を行うための外箱の外面開閉部を, キュービクルの前面に設けた構造で奥行寸法が1 200 mm以下のものである.

4. 通気孔(換気口を含む.)には, 小動物等の侵入を防止する処置として, 直径10 mmの丸棒が入るような孔または隙間がないものとする.

（H30　1級電気工事施工管理技術検定試験問題）

解説・解答

日本産業規格 JIS C 4620 に定められているキュービクル式高圧受電設備(以下,「キュービクル」)に基づく知識が要求されています.

（1）CBとは高圧交流遮断器のことで, CBの場合は, 受電設備容量は4 000 kV・A以下である.

→〇

（2）PF・S形とは, 限流ヒューズ付高圧交流負荷開閉器を用いたもので, 受電設備容量は300 kV・A以下である.

→〇

（3）外箱の前面は開閉扉とし, 前後面保守形の外箱の側面または裏面には, 機器の点検および出し入れができるような扉または取外し可能な囲い板を設けることが規定されているが問題文の規定はない.

→×

（4）通気孔(換気口を含む.)およびケーブルの貫通孔には, 直径10 mmの丸棒が入るような孔またはすき間はないものとすることが規定されている.

→〇

〔解答〕　（3）

問題③-2

屋外に設置するキュービクル式高圧受電設備の施設に関する記述として,「高圧受電設備規程」上, **不適当なもの**はどれか.

1. キュービクルは, 隣接する建築物から3 m離して設置した.

2. キュービクルへ至る保守点検用の通路の幅は, 0.6 mとした.

3. キュービクル前面には, 基礎に足場スペースを設けた.

4. 小学校の校庭内に設置したキュービクルの周囲には, さくを設けた.

（H30　1級電気工事施工管理技術検定試験問題）

解説・解答

高圧受電設備規程1130-4「屋外に設置するキュービクルの施設」および1130-5「屋外に施設するキュービクルへ至る通路などの施設」からの知識が要求されています.

（1）1130-4-1-①で建築物から3 m以上の距離を保つこと.　　　　　　　　　　　→〇

（2）1130-5-①で幅0.8 m以上の通路と定められている.　　　　　　　　　　　　→×

（3）1130-4-3-④で前面に基礎に足場スペースか, 代替できる点検用の台等を設けていることが定められている.　　　　　　　　　→〇

（4）1130-4-6で学校のほか, 幼稚園, スーパーマーケット等で幼児, 児童が容易に金属箱に触れるおそれのある場所にキュービクルを施設する場合は, さく等を設けることが定められている.

→〇

〔解答〕　（2）

問題❸-3

キュービクル式高圧受電設備に関する記述として，「日本産業規格(JIS)」上，**不適当なもの**はどれか.

1. 変圧器容量が300 kV・A以下の場合は，変圧器の開閉装置として高圧カットアウトを使用することができる.
2. 一つの開閉装置に接続する高圧進相コンデンサの設備容量は，自動力率調整を行う場合，300 kvar以下とする.
3. 300 Vを超える低圧の引出し回路には，地絡遮断装置を設けるものとする. ただし，防災用，保安用電源等は，警報装置に代えることができる.
4. 換気は，通気孔等によって，自然換気ができる構造とする. ただし，収納する変圧器容量の合計が500 kV・Aを超える場合は，機械換気装置による換気としてもよい.

（H29 1級電気工事施工管理技術検定試験問題）

解説・解答

日本産業規格 JIS C 4620 に定められているキュービクルに基づく知識が要求されています.

（1）変圧器の開閉装置は，CB，LBSまたはこれらと同等以上の開閉性能をもつものと規定されているが，300 kV・A以下の場合は，PC（高圧カットアウト）を使用できる. →○

（2）一つの開閉装置に接続する高圧進相コンデンサの設備容量は，300 kvar以下ですが，**自動力率調整を行う場合は，200 kvar以下**である. →×

（3）300 Vを超える低圧引出し回路は，地絡遮断装置を設けるものとしている. →○

（4）換気は，通気孔等によって自然換気ができる構造とし，変圧器容量の合計が500 kV・Aを超える場合は，機械換気装置としてもよいと規定されている. →○

〔解答〕（2）

問題❸-4

高圧受電設備に設ける高圧進相コンデンサに関する記述として，**最も不適当なもの**はどれか.

1. 放電コイルは，コンデンサに並列に接続して使用する.
2. コンデンサの保護には，一般に高圧限流ヒューズが用いられる.
3. コンデンサに接続する直列リアクトルは，主として高調波障害対策に用いられる.
4. コンデンサの残留電荷は，放電コイルよりも放電抵抗の方が短時間に放電できる.

（H27 1級電気工事施工管理技術検定試験問題）

解説・解答

高圧受電設備規程 1150-9「進相コンデンサおよび直列リアクトル」からの知識が要求されています.

（1）テーマ Q23，図 23.2 参照. →○

（2）1150-9-3 では限流ヒューズと規定されている. →○

（3）1150-9-5 で直列リアクトルの役割が記載されており，高調波電流による障害防止と記載されている. →○

（4）1150-9-4 に放電コイルは，開路後 **5秒以内**にコンデンサの電圧を **50 V以下**に，放電抵抗は，開路後 5分以内に 50 V以下にする能力を有すると規定されている. →×

→「電気の Q&A 電気の基礎知識 Q45」参照

〔解答〕（4）

コラム6 突入電流

負荷の種類と突入電流

突入電流とは，電気機器のような負荷に電源を投入した瞬間に流れる電流で，定格電流の何倍かで表す一時的に流れる大きな電流です．

以下の表に主な負荷の**突入電流**を示します．

分類	負荷の種類	突入電流
抵抗負荷	ヒータ（ニクロム）	1倍
誘導負荷	リレー	約2～3倍
	ソレノイド	約10倍
	モータ	約5～10倍
ランプ	白熱電球 ハロゲンランプ	約10～15倍
コンデンサ	コンデンサ	約20～50倍
トランス	変圧器	約10～20倍

突入電流の倍数はオムロンHP（FAQ02165）より

• 抵抗負荷のうち，**ニクロム線ヒータ**は，抵抗温度係数*が低いので温度による抵抗変化が比較的少ない．よって，実用上はニクロム線のヒータ突入電流は無視できるとしています．

* $0.03～0.4×10^{-3}$〔/℃〕

• 抵抗負荷に代表される**ハロゲンランプ**は，点灯時のタングステンフィラメントの温度を高めて発光効率を高くしています．このため，点灯前の常温状態ではフィラメントの抵抗が小さく，電圧を印加した瞬間に定格電流を超えた表中の大きな**突入電流**が流れる．その後，フィラメントの温度が上昇し，抵抗値が大きくなって定格電流に落ち着きます．

• **変圧器の突入電流**は，Q4で説明しているように無負荷の変圧器を投入したときの**励磁突入電流**のことです．これは，鉄心の飽和と非飽和状態が発生し，励磁インピーダンスが大幅に変化する過渡現象で，鉄心が飽和した瞬時に励磁インピーダンスが極めて小さくなるために現れます．

• 負荷の中で**一番大きな突入電流**は，表より**コンデンサ**になります．充電されていないコンデンサに電源を投入したときに充電するために大きな突入電流が流れるからです．なお，これを抑制する役割を持つのが**直列リアクトル**です．

コラム7 筆者のひとりごと①の補足

新幹線の車両形式

JR東海では，JRのほかの車両と異なり，数字のみの形式番号（3桁）-製造番号（4桁）で次のように表しています．

0系→100系→300系→700系→N700系

形式番号の3桁の数字で，百の位が同じ設計で量産された車両，十の位が用途，一の位が車種．

初代新幹線である0系は，当初系列番号がありませんでした．1982年開業のJR東日本の東北，上越新幹線が200系と呼ばれ，区別のために用いられたとされています．なお，JR東日本は，E1以降に形式番号の前にEをつけ，JR西日本は北陸新幹線のみWをつけています．したがって，北陸新幹線にはE7系とQW7系が走っています．

現場の疑問編

第4章
モータ

Q 33 口出線6本のモータは？

モータには口出線が3本のものと6本のものがあります．モータの不具合発生時の調査で，口出線6本のモータの結線がわからなくて困った経験はありませんか．

> 口出線が6本のモータの結線は？

1．モータの口出線の構造は？

モータの口出線は，端子箱なし（写真33.1）と端子箱構造のもの（写真33.2）の二つの方式があります．前者はラグ式とキャブタイヤケーブル方式があり，後者には端子台式とラグ式があり，直入始動用は端子台式，Y－△始動はラグ式で使用します（図33.1）．

2．口出線の本数は？

標準モータの口出線は3本，6本，12本の3種類があります．

3.7kW以下または5.5kW以上でも指定した場合が3本出しで，5.5kW以上のモータはY－△始動ができるように口出線は6本が標準です．6本出しのモータでも図33.1や図33.2のように，初めから△接続にすれば直入始動が可能です．

12本出しのモータは，2種電圧品なので，たとえば200V，400Vの両方の電圧に共用できて，どちらの電圧でも直入始動，Y－△始動が可能です．

3．口出線6本のモータの結線は？

口出線3本の場合，モータは直入始動のため，モータの結線はY結線か△結線の固定になります．しかし，口出線6本の場合は，直入始動のほか，図33.2のかご形モータ固定子巻線の接続をスターデルタ始動装置を用いて端子切換えを行い，図33.3のように始動時にY結線，運転時に△結線に切換えるY－△始動が可能になります．すなわち，口出線6本のモータの結線は，直入始動のように固定した結線ではなく，外部の始動装置を用いて端子切換えを行って，モータ内部の結

写真33.1 口出線が6本のモータ（学校の実習用モータ）

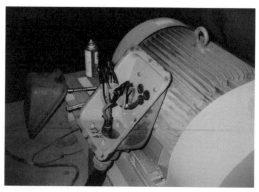

写真33.2 口出線が3本のモータ（現場で使用されているモータ）

線を丫結線にしたり，△結線に
変更するわけです．

4．口出線の記号は？

　モータの口出線の記号，すな
わち，**端子記号**と**接続方式**は
規格で決められています．図
33.1，33.2のように口出線3
本の場合は，U，V，Wで，6
本端子の場合の直入始動では
$U_1 - V_2$, $V_1 - W_2$, $W_1 - U_2$
をそれぞれ電源R，S，Tに接
続します．

　しかし，製造年度の古いモータで口出線6本の
場合は，端子記号がU，V，W，X，Y，Zとな
っています．実はモータの**端子記号**と**接続方式**は，
図33.4のように製造年度によって大きく変遷し

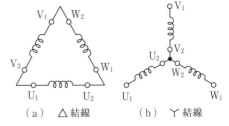

モータ出力	3.7 kW以下	5.5 kW～37 kW	
口出線本数	3本	6本	
端子の接続方法	端子台式（枠番号63M～132M） 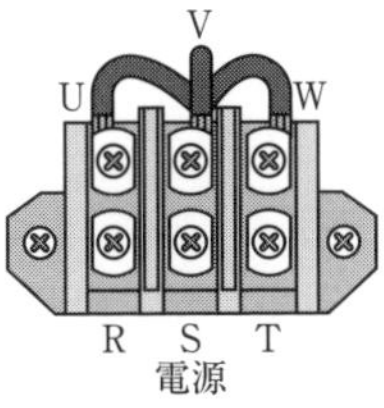	直入始動 ラグ式 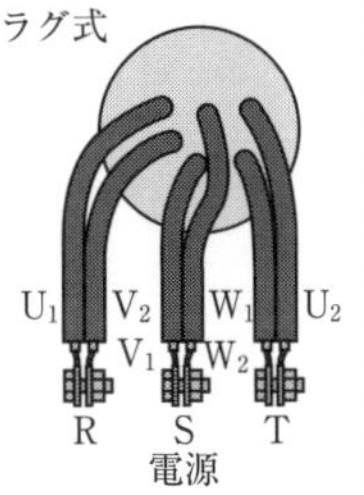	スターデルタ始動 ラグ式 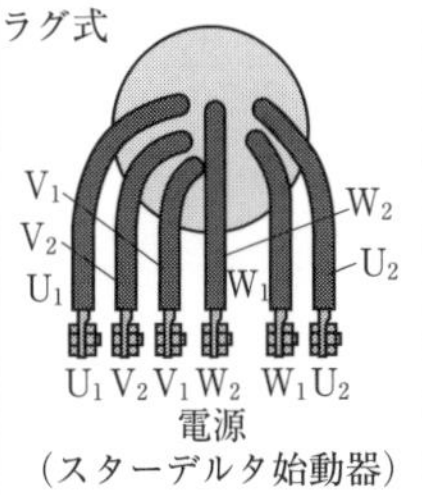

(参考) 富士電機(株)のモータカタログ

図 33.1　モータの口出線

ています．

　1991年までの端子記号がまず配列変更された後
に，モータもIECへの整合からJISが改訂され，
従来の**U－Y，V－Z，W－X**から2003年以降に
$U_1 - V_2$, $V_1 - W_2$, $W_1 - U_2$へと変更されました．

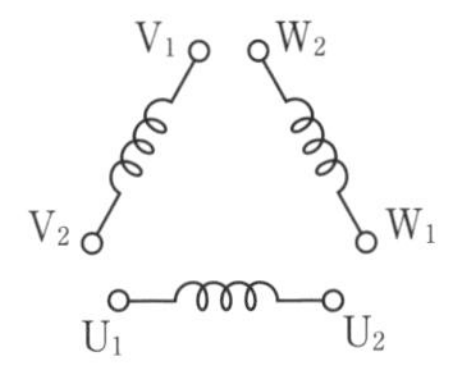	直入始動	丫	△
	R S T | | | U_1 V_1 W_1 | | | V_2 W_2 U_2	R S T | | | U_1 V_1 W_1 V_2－W_2－U_2	R S T | | | U_1 V_1 W_1 | | | V_2 W_2 U_2

図 33.2　モータの結線と端子切換え

（a）　△結線　　　（b）　丫結線

図 33.3　三相のつなぎかた

製造年	～1991年まで	1991～2003年	2003年以降
モータの結線	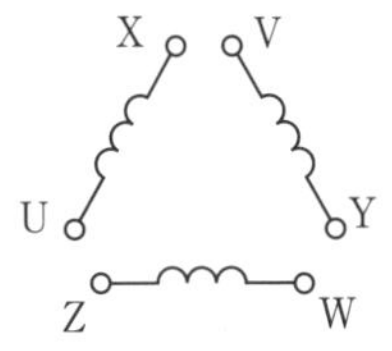	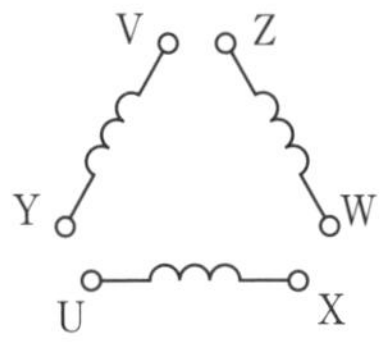	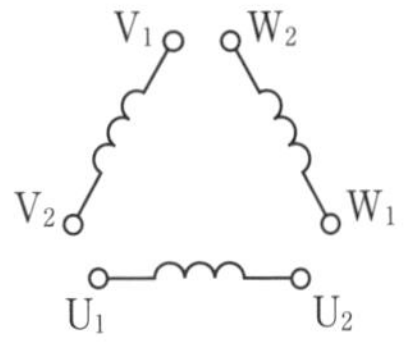
端子の接続方法	丫 / △ R S T | R S T | | | | | | | U V W | U V W Z－X－Y | Z X Y	丫 / △ R S T | R S T | | | | | | | U V W | U V W Y－Z－X | Y Z X	丫 / △ R S T | R S T | | | | | | | U_1 V_1 W_1 | U_1 V_1 W_1 V_2－W_2－U_2 | V_2 W_2 U_2

図 33.4　モータの端子記号と接続方式

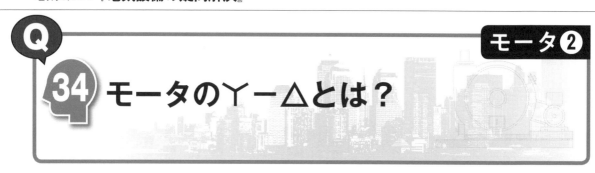

モータ❷

Q 34 モータのＹ－△とは？

Ｙ－△始動にはスターデルタ始動装置（写真34.1）が必要になります．

> スターデルタのしくみとは？

1. スターデルタ始動装置とは？

6本端子のモータをＹ－△始動とするため，モータ巻線を始動時にＹ結線，運転時に△巻線となるようにモータの端子切換えを行う装置です．

スターデルタ始動器ともいい，6本端子のモータと組み合わせて使用することでその目的を達成

写真34.1　スターデルタ始動装置の例

できます．**図34.1**のように電磁接触器2個とタイマ1個でモータ巻線をＹ結線から△結線に切り換えます．

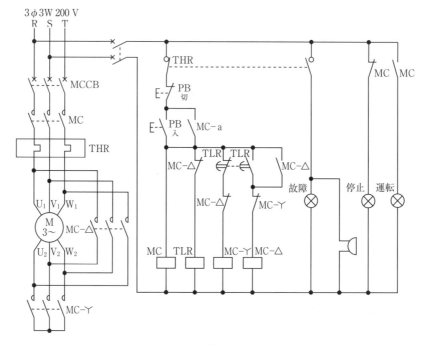

図34.1　Ｙ－△始動モータのシーケンス

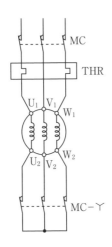

図34.2 モータY結線

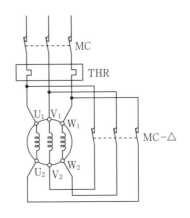

図34.3 モータ△結線

2．Y−△切換えのしくみは？

図34.1のように始動用押ボタンスイッチPB入を押すと，メインコンタクタMCコイルが励磁されるのでMCはONになり，MC主接点のほかMCの補助接点MC−aも動作するので，PB入を押す手を離してもMCは自己保持されます．

したがって，補助接点MC−aを通って，タイマTLR，Y用コンタクタMC−Yコイルが励磁されるので，主接点MC−YがONになって，モータは図34.2のようにY結線に電圧が加わって始動します．このとき，タイマTLRコイルも励磁されているので，設定時間が来るとタイマb接点のTLR−bが開き，MC−Yコイルが無励磁になって主接点MC−Yが復帰します．多少の時間遅れをとってタイマa接点TLR−aが閉じて，△用コンタクタMC−△コイルが励磁され，主接点MC−△がONになって，モータは図34.3のように△結線に電圧が加わって運転し続けます．

3．なぜY−△始動する？

Y結線にすると電流が1/3になる

図34.4のようにモータの1相分の巻線のインピーダンスをZ，電源電圧をVとすると，Y結線の電流I_Yは，

$$I_Y = \frac{\frac{V}{\sqrt{3}}}{Z} = \frac{V}{\sqrt{3}Z}$$

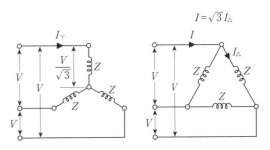

図34.4 Y結線，△結線の電流

△結線の場合の相電流$I_\triangle$は，

$$I_\triangle = \frac{V}{Z}$$

このときの線電流Iは，

$$I = \sqrt{3}I_\triangle = \frac{\sqrt{3}V}{Z}$$

$$\therefore \frac{I_Y}{I} = \frac{V}{\sqrt{3}Z} \times \frac{Z}{\sqrt{3}V} = \frac{1}{3}$$

したがって，Y結線の電流は△結線の電流の1/3になり，モータの始動電流は大きいので△結線の始動電流よりも1/3と小さくなります．

どうして△結線にする？

モータの回転力，すなわちトルクは電圧の2乗に比例するので，Y結線は電圧を$1/\sqrt{3}$にする減電圧始動のため，トルクが$(1/\sqrt{3})^2 = 1/3$になって出力が出ません．したがって，運転時には全電圧が加わる△結線に切り換えます．

I部 疑問編 4章 モータ

85

モータ❸

35 モータの保護は？（その１）

　モータは，**短絡や拘束**[※1]時には定格電流より
かなり大きな電流が流れるので巻線絶縁物の劣化
が促進されて**焼損**に至ることがあります．ここで
は，モータの**過負荷保護**について考えます．

モータの過負荷保護は？（その１）

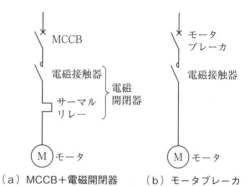

（a）MCCB＋電磁開閉器　　（b）モータブレーカ

図35.1　モータの保護回路

1．モータの特性は？

　始動電流は定格電流の６〜８倍と大きく，負荷
により**始動時間**が異なり，**慣性**[※2]の大きな負荷
ほど**始動時間**が長くなります．また，電源電圧の
低下によって電流が増加します．さらにモータを
インバータによって駆動すると，**高調波**の影響に
より，モータに流れる電流は商用電源の場合に比
べて約10 ％増加します．

2．過電流遮断器では保護できないか？

　低圧における**過電流遮断器**は，電気設備技術基
準およびその解釈によれば，**配線用遮断器**（以下
「MCCB」という）と**ヒューズ**を指します．モータ
回路のMCCBは，主として電線の**短絡保護**のた
めの装置であり，また，モータの**始動電流**に対し
て余裕を必要とするため，その定格値または整定
値は，モータの**過負荷保護**，あるいは**欠相**による
過電流保護には不適です．

3．モータ保護の方法は？

　一般にモータの**過負荷保護**としては，モータの
巻線**過負荷**を入力電力によって検出する**誘導形**，
サーマル形と，巻線**過負荷**による過熱を検出する

サーマル
リレー

写真35.1　MCCB＋電磁開閉器

バイメタル形，**サーミスタ形**があり，これらのリ
レーと電磁接触器または警報器とを組み合わせた
ものが使用されます．ここでいう**過負荷**とは，モ
ータを焼損させるような**過電流**を指し，短時間の
過電流は対象外です．このようなモータを**焼損**か
ら保護する代表的なものを以下に示します．
（１）　**MCCB＋電磁開閉器**（電磁接触器＋サー
　　　マルリレー）による保護（図35.1（a），**写真
　　　35.1**）
（２）　**モータブレーカ＋電磁接触器**による保護
　　　（図35.1（b））

（３） 静止形過電流継電器　３Ｅリレー
（４） 直接モータ内部取付けまたは巻線に素子を
　　　埋め込んで保護する方法
　以上の四つの代表的な**モータ保護の方法**について，順次説明していきます.

４．MCCB＋電磁開閉器による保護は？

　この方式は，**過負荷保護はサーマルリレー**（写真35.1）が，**短絡保護はMCCB**が受け持ち，一般的に最も多く使用されています.

　図35.2のモータの保護協調曲線が示すようにモータの全負荷電流の**３～６倍以下**を**サーマルリレー**で保護し，それ以上の過電流や短絡電流をMCCBで保護できるように，同図の**サーマルリレー動作特性曲線**とMCCBの**動作特性曲線**が交差し，交差点以下の電流では**サーマルリレー動作特性曲線**が下回っていることが必要です. なお，この二つの曲線が交差しないと，モータ端子等で短絡事故等が発生したとき，**サーマルリレー**が溶断したり，電磁接触器の接点が密着することもあります.

　なお，同図の**モータの熱特性**とは，横軸がモータの定格電流に対する電流比率，縦軸が許容拘束時間，すなわち拘束した場合に過電流に対して何秒耐えられるかを示した曲線です. **図35.3**には，参考までに実在する**モータの熱特性曲線**を挙げました. 同図に曲線が２本あるのは，巻線温度が周囲温度状態からの特性を表す**COLD特性**，定格温度上昇状態からの特性を表す**HOT特性**があるからで，HOTからの方は条件が厳しく耐えられる時間も短くなります. したがって，**モータの熱特性**(HOT)より早く**サーマルリレー**を動作させるように設定することが大切です.

　この方式での**サーマルリレー**の設定はモータの**定格電流**，**電磁接触器**の定格通電電流はモータの定格電流より大きいものとします. また，**MCCB**は，電線の許容電流の2.5倍以下の定格電流のものを選定しますが，モータの全負荷電流の３倍前後の定格電流のものであれば，十分保護協調を保つことができます.

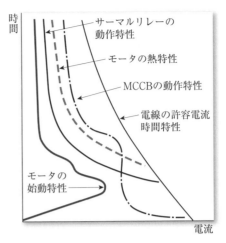

図35.2　モータの保護協調曲線

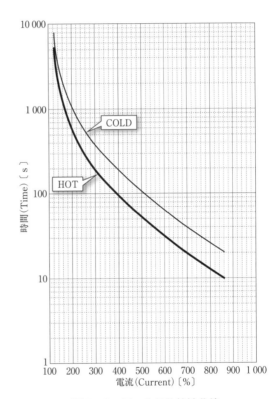

図35.3　モータの熱特性曲線

（注）

※１　**拘束**：軸ロックのこと.

※２　**慣性**：本来の意味は，物体は外力の作用を受けなければ，同じ速度を持ち続けようとする性質をいう. ここでいう**慣性**は，**慣性モーメント**を指すので，**GD^2（はずみ車効果**)と考えてもよい.

Q **36** モータの保護は？（その２）

モータ④

モータの過負荷保護の中心的役割を果たす**サーマルリレー**と MCCB を取り上げ，その動作特性の違いについて理解を深めます．

> **サーマルリレーと MCCB の動作時間の違いは？**

1．サーマルリレーの原理と動作は？

サーマルリレーは，図36.1 のように**バイメタル**と**ヒータ**からなる**ヒートエレメント**と，バイメタルの動作に応動する**接点**が内蔵されています．

この原理は，**過負荷**によって負荷電流が増加すると**ヒータ**の発熱が大となり，バイメタルが加熱されてわん曲することで**接点**が動作する**熱動形過負荷継電器**です．

2．サーマルリレーの動作特性は？

サーマルリレーの動作特性は，ヒータの発熱を利用しているので，図35.2（Q 35 参照）のようにモータの熱特性に類似しており，**表36.1** に示す **JIS C 8325** の規格を満足するものが要求されます．サーマルリレーは，その動作原理上からその特性には**コールドスタート特性**（以下「**COLD** 特性」という）と**ホットスタート特性**（以下「**HOT** 特性」という）があります．

3．サーマルリレーの動作特性曲線は？

実際のサーマルリレーの**動作特性曲線**を図 36.2 に示しました．動作特性曲線には **COLD 特性**と **HOT 特性**の２種類があり，その特性の違いは，次のとおりです．

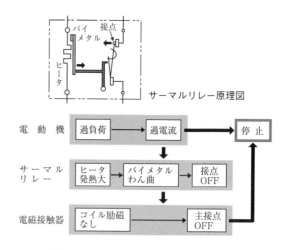

サーマルリレー原理図

図36.1　サーマルリレーの原理と動作

COLD 特性：サーマルリレーのヒータ温度が周囲と同じ状態で，**過電流**を流し始めてから動作するまでの電流時間特性．

HOT 特性：サーマルリレーに不動作電流を２時間通電した状態で，**過電流**を流し始めてから動作するまでの電流時間特性．

4．過電流によるサーマルリレー，MCCB の動作は？

具体的に**定格電流の２倍，６倍，10 倍の過電流**が流れたとき，サーマルリレー，MCCB の動作特性，またモータは保護装置が動作するまで耐えられるかを検証してみます．すなわち，「**MCCB＋電磁開閉器**」の保護協調を実際の特性曲線で確

表36.1　サーマルリレー動作特性規格

規格名	限界動作		過負荷動作（ホットスタート）	拘束時動作（コールドスタート）	周囲温度
	不動作	動作			
JIS C 8325	100 % In	120 % In 2時間以内	200 % In 4分以内	600 % In 2～30 秒	40 ℃

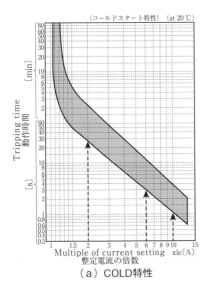

（a）COLD特性

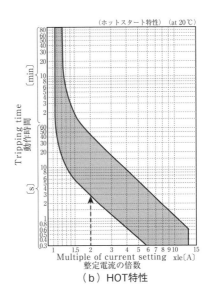

（b）HOT特性

図36.2　サーマルリレー動作特性曲線

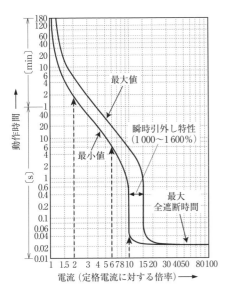

図36.3　MCCB動作特性曲線

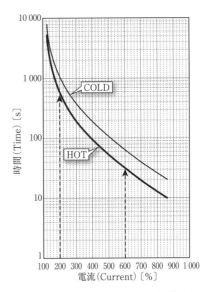

図35.3（再掲）　モータの熱特性曲線

認します.

（1）　定格電流の２倍の過電流が流れた場合

　サーマルリレーは，図36.2よりCOLD特性では27秒〜２分，HOT特性では2.8〜45秒，MCCBは２〜５分で動作する（図36.3）ので，サーマルリレーが先に動作し，モータの熱特性は10〜16分ですから保護協調を保つことができます.

（2）　定格電流の６倍の過電流が流れた場合

　サーマルリレーは，COLD特性で３〜12秒，

HOT特性で0.3〜３秒，MCCBは６〜20秒なのでサーマルリレーが先に動作するケースが多く，モータの熱特性（図35.3）は30〜65秒なので問題ありません.

（3）　定格電流の10倍,すなわち短絡電流の場合

　サーマルリレーは，COLD特性で１〜3.5秒，HOT特性で0.3秒未満〜１秒に対し，MCCBは0.04秒の瞬時引外しになり，この領域ではMCCBが保護します（図36.3より0.04秒）.

モータの保護は？（その3）

負荷がブロワーやファン等で**慣性（GD²）**が大きい場合，始動時間が長いので始動中にサーマルリレーがトリップします．**始動時間の長いモータの保護**について考えます．

慣性の大きいモータ保護は？

---

1. 慣性の大きいモータはなぜ始動時間が長い？

モータが定格回転数に達するまでの**始動時間** t〔s〕は次の式で求めることができます．

$$t = \frac{GD^2 N}{375(T_m - T_e)} \quad 〔s〕 \qquad (37 \cdot 1)$$

ここで，

GD^2：モータと負荷の GD^2 の和〔kg·m²〕

N：定格回転数〔min⁻¹〕

T_m：モータのトルク〔kg·m〕

T_e：負荷のトルク〔kg·m〕

したがって，式（37・1）より，慣性（GD²）が大きいと，**始動時間** t は **GD²** に比例するので長くなります．

2. 始動時間の長いモータの過負荷保護は？

始動時間の長いモータの過負荷，拘束による焼損保護の対策には，**図37.1**のように大別して二つの方式があります．一つは同図（a）のように**始動時無通電**で，始動時のみタイマを設けて始動時間だけサーマルリレーを短絡（無通電）する方式，もう一つは同図（b），（c）のような**遅動形サーマルリレー**を採用する方式です．これには**飽和リア**

クトル付と**飽和CT付**の2通りがあります．

前者は，サーマルリレーのヒータと並列に**有鉄心の小形リアクトル**を接続した構造で，整定電流の200％程度までの電流域の動作特性は変化させず，それを超える電流域ではリアクトルの鉄心を**飽和**させてリアクトルへの分流電流を多くし，ヒータへの電流を制限して**動作時間を長く**したものです．このタイプでは，サーマルリレー動作特性曲線（**図37.2**）の動作時間とタイマの整定時間（始動時間）をギリギリにすると遅れ釈放によりミストリップすることがあるので注意が必要です．

このミストリップは，サーマルリレーのヒータからバイメタルへの熱移行に遅れがあるためで，COLD特性以内に始動電流が減少してもバイメタルはヒータとの間に絶縁物があるので絶縁物に熱が伝わり，そのまま温度上昇が続くからです．

3. 遅動形サーマルリレーの動作は？

定格電流の2倍を超える電流は飽和リアクトルへの分流電流となることから，2倍の過電流が流れた場合で考えます．

図37.2よりCOLD特性で40秒〜約4分，モータの熱特性は約16分ですから**保護協調**はとれていることになります（Q35 図35.3）．これが図36.2（Q36）の標準形サーマルリレーではCOLDで27秒〜2分ですから，**遅動形サーマルリレー**は約2倍ほど**動作時間**が長くなっています．

4. 飽和リアクトルへの電流が増加するのは？

飽和リアクトル付サーマルリレー（以下「リアクトル」という）は，鉄の**磁気飽和**[※1]を利用したものです．**磁気飽和**というのは，**図37.3**（a）のように磁界 H がある値以上になると磁束密度 B

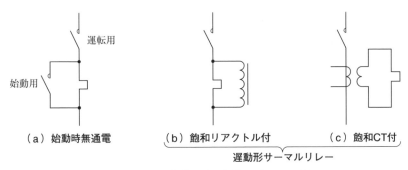

（a）始動時無通電　（b）飽和リアクトル付　（c）飽和CT付

遅動形サーマルリレー

図 37.1　始動時間が長い場合のサーマルリレー

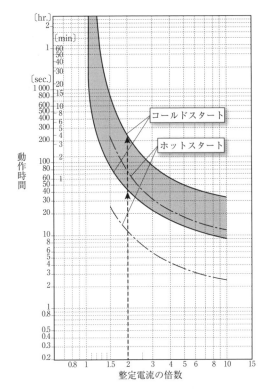

図 37.2　遅動形サーマルリレーの動作特性曲線

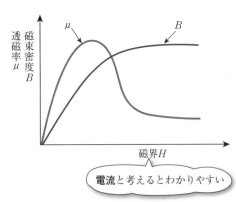

（a）磁気飽和と透磁率曲線

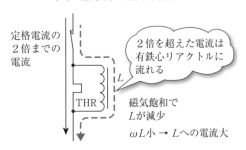

（b）磁気飽和と飽和リアクトルへの電流

図 37.3　遅動形サーマルリレーの原理

が増加しなくなる現象です．磁束密度 B と磁界 H との関係は，透磁率を μ とすれば，

$$B = \mu H \qquad (37 \cdot 2)$$

B と H は，ある領域までは比例しているので，μ は一定ですが，磁気飽和により同図（a）のように μ が変化して減少します．また，磁界 H は電流 I に比例し，リアクトルのインダクタンス L と透磁率 μ との関係は，

$$L \propto \mu \qquad (37 \cdot 3)$$

ですから，磁気飽和によってインダクタンス L

が減少して，リアクトルへの電流が増加していくことが理解できます．透磁率 μ は，

$$\mu = \mu_0 \mu_s \qquad (37 \cdot 4)$$

ここで，μ_0；真空中の透磁率，μ_s；比透磁率

μ が変化して減少するのは，比透磁率 μ_s が変化して減少していることによります．

また，磁気飽和は，別の見方をすれば，磁気抵抗が大きくなる現象とも表現できます．

（注）

※1　磁気飽和；Q3参照．

91

38 サーマルリレー以外の過負荷保護は?

Q35で解説した**モータの過負荷保護**の代表的な4方式のうち,MCCB＋電磁開閉器による保護以外のQ35-3の(1)以外の**三つの方式**について説明します.

サーマルリレー以外の過負荷保護は?

A 38

1. モータブレーカ＋電磁接触器による保護は?

モータブレーカは電動機保護用配線用遮断器のことで,モータの**短絡保護**のほか,モータの過電流や拘束等による**過負荷保護**によってモータの焼損防止を行います.この方式は,モータブレーカの過電流引外し特性によって,**図38.1**の保護協調曲線のように**モータと電線の両者の保護**を行います.

モータブレーカの定格電流は,一般的なMCCBよりも**小刻みの電流値**になっているため,種々

のモータに適用できます(125Aフレームでは,12.5,16,25,32,40,45,63,71,90,100A).

また,モータの**始動電流**を考慮して引外し時間を長くしていることから,定格電流の600％で2秒以上30秒以内で動作する特性です(**図38.2**).

したがって,この方式はモータの**始動時間**とモータブレーカの始動電流に対する**動作時間**を確認するとともに,その**定格電流**をモータの全負荷電流にほぼ合わせて選定します.

なお,この方式は,モータの**始動電流**が大きく,**始動時間の長い場合**や間欠運転頻度の高い場合には不適当です.特に**水中ポンプ用モータ**等は許容拘束時間が短いため,モータブレーカを使う方式では保護できない場合があります.

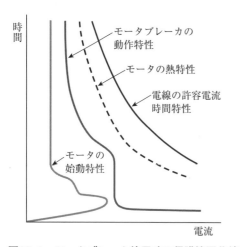

図38.1 モータブレーカ使用時の保護協調曲線

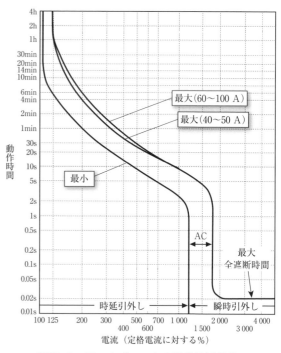

図38.2 モータブレーカの動作特性曲線

２．静止形過電流継電器による保護は？

代表的な３Ｅリレーは，主にモータの保護用継電器として使用されています．Ｅはエレメント（Element，要素）のＥで，動作要素の数により過負荷要素と欠相検出要素の二つの要素を持っているものは２Ｅ，２Ｅに反相（逆相）要素が加わったものは３Ｅ，さらに地絡（漏電）要素が加わったものは４Ｅと呼ばれます．

動作原理は，変流器（CT）の電流によってモータの過負荷，欠相，反相を検出しますが，欠相，反相の検出には電流方式のほかに電圧方式もあります．

なお，過負荷要素には電流を検出する要素と時間要素の二つがあります．電流と時間の関係は，JEM1356において「整定電流を通じても動作せず，温度が一定となった後，整定電流の120 ％の電流を通じて２時間以内に動作すること」と定められています．しかし，負荷によっては定格電流以上の電流が流れると異常状態であることが明確な場合は，瞬時に動作する機能を持つ過負荷要素が必要になります．

欠相状態からの始動あるいは正常運転中の欠相は，上記の過電流要素によっては検出できない場合があり，大容量のモータ等温度上昇が問題となるため，△結線のモータについては欠相検出要素を持つ３Ｅリレーによる保護が必要です．

反相要素の検出は，電流方式なら0.5秒程度，電圧方式ならモータを起動させる前に検出が可能なため，モータを一瞬でも逆転させないで検出できる利点があります．写真38.1は，深井戸用水中ポンプ制御盤に使用されている３Ｅリレーです．

３．直接モータ内部取付けで保護する方法は？

水中ポンプ用モータに使われる，二つの代表的な方法を紹介します．

（１）　巻線に素子を埋め込んで保護する方法

図38.3のようにモータ巻線に直接温度検出素子（例：バイメタルスイッチ）を埋め込み，温度上昇の異常を検知してモータを焼損保護します．

（２）　直接モータ内部に素子を取り付ける方法

サーマルプロテクタは，図38.4のようにモータ巻線の温度を検知するもので，モータのステー

写真38.1　深井戸用水中ポンプ制御盤の３Ｅリレー

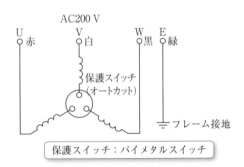

図38.3　水中ポンプ用モータの結線と保護スイッチ

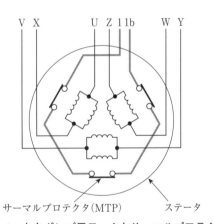

図38.4　水中ポンプ用モータとサーマルプロテクタ

タ下部に埋め込まれています．たとえばモータの絶縁階級がＥ種であれば，作動温度は120 ℃，定格電流の125 ％の電流で５秒以内にトリップします．なお，同図は，サーマルプロテクタの動作時に外部に信号の出せるタイプなので，中容量以上の水中ポンプに使用されます．

39 測定したモータの抵抗値は？

モータ⑦

モータの抵抗値は，現場で**テスタ**を使って簡単に測定できます．しかし，現場の**測定値**はモータのどの部分の値であるかわかりますか？

> モータの抵抗値は測定できる？

1．モータの内部結線は？

モータの口出線は，Q 33 で説明したとおり，3本，6本，12本の3種類で，**内部結線**はブラックボックスです．しかし，おおまかには 3.7 kW 以下が**Y結線**（**図39.1**（a）），5.5 kW 以上が△結線（同図（b））です．

2．図39.2 のようにテスタで測定した値は？

> 図39.1 のように1相分の抵抗 r, r'〔Ω〕は，2線間での測定値を R〔Ω〕とするとき，結線に関係なく，1相分の抵抗は測定値 R の 1/2 として求められる．

前提として結線が異なっても**モータの出力**は同じだから，図39.1 のように**Y結線**でも△結線で

も線電流 I，2線間の測定値 R は同一です．

（**Y結線の場合**）

3相出力 P〔W〕は，

$$P = 3I^2r = 3I^2\left(\frac{R}{2}\right)$$

（△結線の場合）

3相出力 P〔W〕は，

$$P = 3I_\triangle^2r' = 3\left(\frac{I}{\sqrt{3}}\right)^2 \cdot \left(\frac{3}{2}R\right)$$
$$= 3\frac{I^2}{3} \cdot \frac{3}{2}R = 3I^2 \cdot \left(\frac{R}{2}\right)$$

以上より，**1相分の抵抗**はモータの内部結線に関係なく，**2線間の測定値の半分**として求めればよいことがわかりました．

3．2線間の測定値はどのように使うか？

別の表現をすると，現場での2線間の測定値は，何を基準にしてモータの**不具合の判定**に利用できるかということになります．

現場の2線間の測定値を 75 ℃基準に換算した数値が**表 39.1** の試験成績表の 75 ℃線間巻線抵抗値（以下「**試験データ**」という）とほぼ同じであれば，**異常なし**と判定できます．

現場で測定したときの周囲温度が 20 ℃と仮定して，抵抗が **75 ℃時の換算式**を誘導します．

0 ℃のときの抵抗を R_0，20 ℃のときの抵抗を R_{20}，75 ℃のときの抵抗を R_{75} とすれば，銅線 0 ℃のときの抵抗温度係数 α_0 = 1/234.5 ですから，

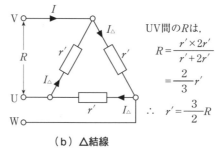

| UV間のRは， |
| $R = 2r$ |
| $\therefore\ r = \dfrac{R}{2}$ |

| UV間のRは， |
| $R = \dfrac{r' \times 2r'}{r' + 2r'}$ |
| $= \dfrac{2}{3}r'$ |
| $\therefore\ r' = \dfrac{3}{2}R$ |

（a）Y結線 （b）△結線

図39.1 モータの結線

表39.1　誘導電動機試験成績表（抜粋）

出　力(kW)	11	極　数	4	形　式	□□□―□
周波数(Hz)	50/60	電圧(V)	400	電流(A)	22.0/20.0
相　数	3	定格	CONT.	絶縁級	B
規　格	JIS C 4004	二次電圧(V)	—	二次電流(A)	—

SPEED　　　　　　　　　　　　　　COOLING　　　　　　JC4
(r/min)　1 450/1 740　　　　　　　　PROTECTION　　　JP44

製造番号	周波数(Hz)	無　負　荷　試　験			拘　束　試　験		
		電圧(V)	電流(A)	入力(W)	電圧(V)	電流(A)	入力(W)
○○○○○○	50	400	9.92	536.0	74.4	20.0	1 240.0
	60	400	5.98	412.0	85.2	20.0	1 310.0

⟶ 巻線抵抗　　　　　線間　　　　固定子　　　75℃　　　　1.0381（Ω）
　　負荷特性　　　　（略）

最大出力(%)　　　　　始動電流(A)　　　　始動トルク(%)
221/200　　　　　　　140.0/122.0　　　　265/222

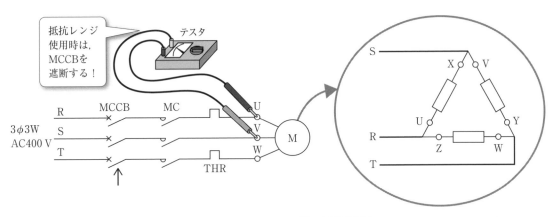

図39.2　モータコイル間の抵抗値測定

$$R_{75} = R_0 (1 + 75 \alpha_0) \quad \cdots\cdots\cdots\cdots ①$$
$$R_{20} = R_0 (1 + 20 \alpha_0) \quad \cdots\cdots\cdots\cdots ②$$

式②より，

$$R_0 = \frac{R_{20}}{1 + 20 \alpha_0} = \frac{R_{20}}{1 + \dfrac{20}{234.5}} = \frac{234.5}{254.5} R_{20} \cdots ③$$

式③を式①に代入して，

$$R_{75} = \frac{234.5}{254.5} R_{20} \left(1 + \frac{75}{234.5} \right)$$
$$= \frac{234.5}{254.5} R_{20} \cdot \frac{309.5}{234.5} = \frac{309.5}{254.5} R_{20}$$

$$(39 \cdot 1)$$

したがって，20℃のときの現場での測定値が R_{20} であれば，式(39・1)に代入して，**75℃基準**

の線間抵抗値に換算したうえで，**試験データと比較して判定します．**

4．現場で測定して不具合と判定した実例は？

　図39.2で，2線間の測定値が20℃で以下のとおりでした．**75℃換算値**は⟶で示します．

　R－S間：0.728〔Ω〕⟶0.885〔Ω〕
　T－R間：0.728〔Ω〕⟶0.885〔Ω〕
　S－T間：0.406〔Ω〕⟶0.494〔Ω〕

　試験データと比較するまでもなく，このように三つの線間値が**アンバランス**のときはモータの**不具合**と判定できます．なお，この例ではV相コイル（V－Y間）の**レヤーショート（層間短絡）**でした．

Q モータ⑧

40 モータが欠相すると？

モータの故障の中で大きな比重を占める**断線**，すなわち**欠相**にスポットを当てます．この**欠相**もモータが**停止中**か**運転中**か，**電源線**か**巻線内部**か，またはモータの内部結線方式によって様相が異なってきます．

> モータが欠相すると？

1．モータの内部結線は？

Q 39でも触れましたが，おおよそ3.7 kW以下がY結線，5.5 kW以上が△結線になっています．

2．欠相と欠相の原因は？

ここでいうモータは，ひんぱんに使用されている三相誘導電動機を指しますが，三相で運転されるべき**モータ**が断線等によって**単相**で運転されている状態を「**欠相**」といいます．この**欠相**の原因として考えられるのは次の四つです．

（1）電源線の断線（**図40.1**中の⑦）
（2）接続部の緩み

回路を構成する**機器**の接続部の緩みは，次の接触不良にもつながって断線と同じ状態になることがあります．たとえば，モータ自体が振動するときはモータ端子部の緩みが発生します（同図の⑩）．

（3）電磁接触器の接触不良

モータの運転停止がひんぱんに繰り返されると電磁接触器の開閉が激しくなって**接点が消耗**したり，**接点の溶着**等による**接触不良**を起こすことがあります．あるいはサーマルリレーの設定不良に

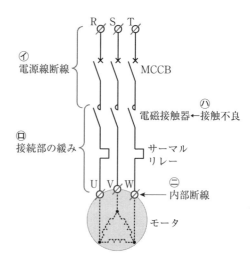

図40.1　欠相の原因

よる過電流の長時間通電が招く**接点溶着**等から**電磁接触器の接触不良**が欠相の原因になることがあります（同図の⑦）．

（4）モータ内部の断線

筆者は，モータ端子箱内モータ取出し口の**口出線**がモータの長時間振動によって断線した経験があります（同図の⑨）．

3．モータの正常時の電流分布は？

機器の故障，すなわち異常を発見したり分析するには，メンテナンスの基本である「**機器の正常時の運転状態を把握する**」必要があります．同じ出力のモータであれば，三相電源の電圧をV，電源線に流れる電流（線電流）をI_l，△結線の巻線電流（相電流）をI_pとすると，**図40.2**のようになります．すなわち，わたしたちが電流計やクランプメータで測定できるのは，モータ結線に関係なく，**線電流**であることを知ってください．

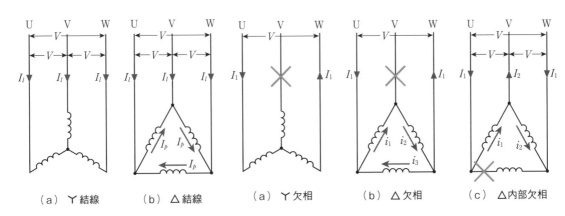

（a）Ｙ結線　　　（b）△結線　　　（a）Ｙ欠相　　　（b）△欠相　　　（c）△内部欠相

図40.2　正常時の電流分布　　　　　図40.3　欠相時の電流分布

4．欠相状態でのモータの始動は？

　停止中のモータが欠相状態で始動すると，単相となるため始動トルクが0（ゼロ）となり，**回転することができません**．しかし，電圧が印加されているため**始動電流**がいつまでも流れ続け，このままだと過大電流で固定子コイルは焼損しますが，Q 35のように**サーマルリレー**が動作してモータの焼損を防止します．

5．正常運転中の欠相は？

　正常運転中に欠相して単相となっても負荷が軽ければ**単相モータとして回転を継続**しますが，モータの結線やどの部分の断線かによって，**図40.3**のように**3通りの電流分布**になります．この3通りのケースを順を追って説明します．ここで，I_1, I_2 は欠相時の線電流，I_p は正常時の相電流，i_1, i_2, i_3 は欠相時の相電流です．

Ｙ結線モータの欠相

　力率を不変として，正常時の三相入力と欠相時の単相入力は変わらないので，

$$\sqrt{3}\,VI_l = VI_1 \qquad \therefore I_1 = \sqrt{3}\,I_l \qquad (40\cdot1)$$

　この場合は，**正常時の$\sqrt{3}$倍の電流**になります．

△結線モータの電源欠相

　同様に三相入力と欠相時の単相入力は変わらないので，

$$\sqrt{3}\,VI_l = VI_1 \qquad \therefore I_1 = \sqrt{3}\,I_l \qquad (40\cdot2)$$

　このとき，相電流 i_1, i_2, i_3 は，

$$i_1 = i_2 = \frac{\sqrt{3}}{3}I_l = \frac{1}{\sqrt{3}}I_l \simeq 0.58I_l \qquad (40\cdot3)$$

$$i_3 = \frac{2\sqrt{3}}{3}I_l = \frac{2}{\sqrt{3}}I_l \simeq 1.15I_l \qquad (40\cdot4)$$

この相電流を正常時の相電流で表すと，

$$i_1 = i_2 = \frac{1}{\sqrt{3}}\cdot\sqrt{3}\,I_p = I_p \qquad (40\cdot5)$$

$$i_3 = \frac{2}{\sqrt{3}}\cdot\sqrt{3}\,I_p = 2I_p \qquad (40\cdot6)$$

この場合は**巻線，電源線共に過電流**になります．

△結線モータの内部欠相

　同様にして，三相入力＝単相入力ですから，

$$\sqrt{3}\,VI_l = 2VI_1$$

$$\therefore I_1 = \frac{\sqrt{3}}{2}I_l = 0.86I_l \qquad (40\cdot7)$$

このとき，図40.3（c）より，

$$I_2 = \sqrt{3}\,I_1 = 1.5I_l \qquad (40\cdot8)$$

相電流 i_1, i_3 は線電流 I_1 と等しいので，

$$i_1 = i_2 = I_1 = \frac{\sqrt{3}}{2}I_l = \frac{\sqrt{3}}{2}\sqrt{3}\,I_p = 1.5I_p$$

$$(40\cdot9)$$

　この場合はU，W相の線電流は過電流にならず，V相の線電流は過電流になります．また，**巻線は過電流**になります．

41 高効率電動機とは？

標準的な**効率**を持つ電動機に対して，できるだけ損失を低減して省エネルギー設計したものが**高効率電動機**です．

> **高効率電動機は省エネか？**

1．効率とは？

効率は，次式で求めることができます．

$$効率〔\%〕 = \frac{出力}{入力} \times 100 = \frac{入力 - 損失}{入力} \times 100$$

$$= \frac{出力}{出力 + 損失} \times 100 \qquad (41・1)$$

電動機の損失には，**鉄損**，**機械損**，**銅損**，**漂遊負荷損**があり，(鉄損＋機械損)を**固定損**，(銅損＋漂遊負荷損)を**負荷損**といいます(**図41.1**)．**漂遊負荷損**は，漏れ磁束により巻線内の実効抵抗の増加，近接金属部分の渦電流等が生じることによるもので，負荷の大きさにより変化します．

機械損は軸受や冷却ファンによる摩擦損や風損等の和です．

2．高効率電動機の特性は？

筆者は過去に，ファン用電動機 $3\phi 400\,V\,30\,kW$ 4P を更新したときに高効率電動機を採用したことがあります(**図41.2**)．このときの高効率電動機(以下，Bという)と旧品である標準電動機(以下，Aという)の特性比較を**表41.1**に示します．A，Bとも製造社の試験成績書の数値を転記したものです．

Aは，1986年頃のもので JEC-37 は(一社)電気学会の適用規格ですから**円線図法**によって特性を算出したものです．一方，Bは2005年頃の新しいもので JIS C 4212 は高効率低圧三相かご形誘導電動機の適用規格ですから**等価回路法**によって特性を算出したものです．したがって，試験方法がまったく違い，製造社も異なるため個々の特性比較は難しいといえます．

3．高効率電動機は省エネか？

表41.1では試験方法の相違のため比較が難しいので，式(41・1)よりA，Bの損失を算出すると，出力は30 kW，表41.1より負荷率100 %でのAの効率は91.2 %，Bの効率は92.4 %ですから，

$$Aの損失 = 出力\left(\frac{100}{効率} - 1\right) = 30\left(\frac{100}{91.2} - 1\right)$$

$$= 2.895\,kW = 2\,895\,W$$

$$Bの損失 = 出力\left(\frac{100}{効率} - 1\right) = 30\left(\frac{100}{92.4} - 1\right)$$

$$= 2.468\,kW = 2\,468\,W$$

となり，Bの損失が $2\,895 - 2\,468 = 427\,W$ 少なくなります．

高効率電動機は，運転時の効率を高めるために鉄心材料をハイグレードにして**鉄損**を低減し，電線径を太くしたり，ロータのスロットを大きくして**銅損**を低減します．また，ロータを化成処理，熱処理して**漂遊負荷損**を低減して，**全損失**を低減します．

しかし，**損失**を低減させたことによりロータの抵抗が下がり，表41.1のとおり**始動電流**が大きくなって，既設の MCCB がトリップしたので MCCB を交換しました(拙著『電気Q&A 電気設備のトラブル事例』Q9参照)．また，**銅損**を低減させるため電線を太くしているので，表41.1の

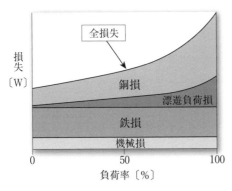

図41.1 電動機の損失

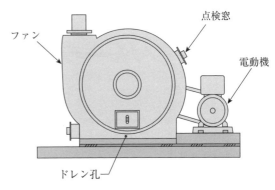

図41.2 ファンと電動機

表41.1 電動機比較表

A 標準電動機（旧品）			B 高効率電動機（新品）		
電 動 機 仕 様					
出力〔kW〕	極数	相数	出力〔kW〕	極数	相数
30	4	3	30	4	3
周波数〔Hz〕	電圧〔V〕	電流〔A〕	周波数〔Hz〕	電圧〔V〕	電流〔A〕
50	400	54	50	400	58
回転速度〔mim^{-1}〕	規格	耐熱クラス	回転速度〔mim^{-1}〕	規格	耐熱クラス
1470	JEC-37	F	1465	JIS C 4212	F

特 性 試 験		
巻線抵抗〔Ω〕		巻線抵抗〔Ω〕
18℃ 0.179		115℃ 0.21280

電圧〔V〕	電流〔A〕	入力〔W〕	無負荷試験	電圧〔V〕	電流〔A〕	入力〔W〕
400	19.3	1480		400	26.34	900
電圧〔V〕	電流〔A〕	入力〔W〕	拘束試験	電圧〔V〕	電流〔A〕	入力〔W〕
57	54	2480		74.2	60.0	3200.0

負 荷 特 性　50Hz 400 V								
電流〔A〕	効率〔%〕	力率〔%〕	すべり〔%〕	負荷率〔%〕	電流〔A〕	効率〔%〕	力率〔%〕	すべり〔%〕
23.4	82.8	55.7	0.49	25	28.81	88.4	42.5	0.5
31.7	89.2	76.4	1.01	50	36.34	92.4	64.5	1.0
42.1	90.9	84.9	1.55	75	46.46	92.8	75.3	1.5
53.5	91.2	88.6	2.12	100	57.74	92.4	81.2	2.0
65.9	90.8	90.3	2.74	125	70.10	91.6	84.3	2.6

299	最大出力〔%〕	271
378	始動電流〔A〕	503

（表中の数値は，A，Bとも製造社の試験成績書より転記）

負荷特性のように**負荷電流**も大きくなりました．
　このように**高効率電動機**は，損失を低減させることで高効率になっていますが，**始動電流**のアッ

プにより MCCB 交換に伴う**イニシャルコスト**が増加することも忘れてはなりません．

42 インバータとは？

インバータというと，一つではなく，いくつかの意味に使われているので，戸惑ってしまうことが多々あります.

> インバータとは？

1．英語なら「inverter」で名詞です

もともとは，動詞の「invert」に「-er」という語尾（名詞語尾）がついて名詞になったものです.

「invert」は逆にする，反対にする，ひっくり返すという意味で，これに「-er」がつくと（……に）従事する人，（……に）関係する者の意味となります. わかりやすい例だとfarmは農場（重機で耕す）で，farmerは農場主（農業従事者）です. したがって，inverterはそのまま訳すと「逆にする人」です.

2．コンピュータ用語辞典等では？

次の二つのことを指します.

① 論理回路において否定（NOT）を行う回路のこと. 論理否定素子. 入力の値を反転（インバート invert）して出力するためのものを，インバータともいいます（図42.1）.

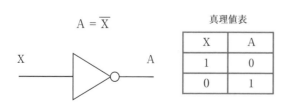

$$A = \overline{X}$$

真理値表

X	A
1	0
0	1

図42.1　NOT の記号と真理値表

② 直流電力を交流電力に変換する回路あるいは装置. 逆変換装置ともいいます.

3．現場では，「インバータ」は？

（1）三相かご形誘導電動機の可変速運転制御装置のこと

これは，かご形誘導電動機（以下「モータ」という）の負荷が必要とする所要動力を，モータ出力となるように**インバータ**で**電圧**と**周波数**を変えて，モータ入力を出力に応じて運転する装置です. このためモータの**消費電力**を低減できるので**省エネルギー化**が図れます.

この**インバータ**は，**図42.2**のような構成になり，商用電源をいったん直流に変換する**コンバータ部**と，直流を可変周波数の交流に変換する**インバータ部**からなる**主回路**と，これらを制御する**制御回路**から構成されます. ここでまとめると，交流を直流に変換する順変換装置のことを**コンバータ**，直流を交流に変換する逆変換装置のことを**インバータ**といい，**汎用インバータ**では，コンバー

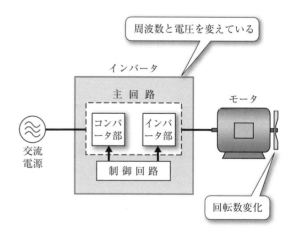

図42.2　インバータの構成

タを含めた装置全体を**インバータ**と称しています．このモータの可変速運転するインバータを別名 **VVVF** といい，V/f = 一定となるように周波数を変えていることから **V/f 制御装置**ともいいます．

VVVF という名称は，**インバータ**は電圧も周波数も変えているので，英語の，**V**ariable **V**oltage **V**ariable **F**requency の頭文字をとったものです．

なお，**インバータ**が意味する可変速運転制御装置は，ビルの空調用送風機モータ，電気鉄道の主モータ，身近なところではインバータルームエアコンのモータの制御に利用されています．

（2）Hf 蛍光灯用安定器のこと

Hf とは，High frequency の略で高周波の意味です．この **Hf 蛍光灯用安定器**が**照明用インバータ**で，**電子式安定器**あるいは**高周波インバータ**と呼ばれ，単に**インバータ**ともいいます．

施設用照明は，40 W の直管形蛍光灯が広く使用され，従来型の管径が 32.5 mm あったものを 25.5 mm と細くして，管壁に照射する紫外線の割合を高めて**ランプ効率**を高くしています．また，この**インバータ**は，商用周波 50/60 Hz を約 50 kHz の高周波に変換するため**図42.3**のような構成になり，コイルのインダクタンスが小さくなるので**小形軽量化**されます．したがって，従来の**銅鉄形安定器**に比べて鉄や銅の使用量が減少するので**安定器損失**が減って**ランプ効率**が高くなるうえ，高周波で点灯するためチラツキを生じませ

ん．しかし，**インバータ**の寿命は，電子部品から構成されるため平滑回路に使用される電解コンデンサの**寿命**によって決まるので「**銅鉄形安定器**の寿命 = 15 〜 20 年」の約半分であるうえ，**コスト**が高いのが難点です．

（3）無停電電源装置を構成するもの

無停電電源装置は，UPS とも CVCF とも呼ばれます．UPS は **U**ninterruptible **P**ower **S**ystem の略，CVCF は **C**onstant **V**oltage **C**onstant **F**requency の略で，定電圧定周波数電源装置のことです．したがって，正確を期せば CVCF は UPS から**蓄電池**を除いたもので，UPS は CVCF と**蓄電池**の組み合わせです．すなわち，**無停電電源装置**というと UPS のことを指します．

UPS は，**図42.4**のように商用電源（交流）から整流器によって直流に変換し，これを**インバータ**で再び交流に変換して，正弦波の交流出力を得ています．一方，**蓄電池**は充電装置によって常に充電され，商用電源が瞬時電圧低下や停電になると，蓄電池から**インバータ**へ直流電力が給電され，UPS の出力は寸断なく，波形の乱れのない交流電力が供給されます．なお，**UPS** はコンピュータ，放送局，高速道路のトンネル照明等，瞬時の電圧低下や停電が許されないところの電源装置に使用されています．したがって，UPS 内のインバータは，装置内で使用される直流電力を交流電力に変換する装置です．

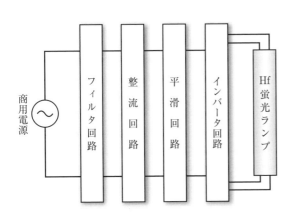

図42.3　照明用インバータの構成

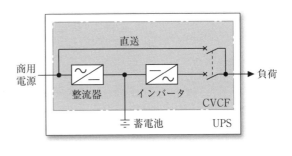

図42.4　無停電電源装置の構成

101

問題で確認④　モータ

問題④-1

　三相かご形誘導電動機の始動に関する記述として，**不適当なもの**はどれか．

1. 全電圧始動法は，始動時に定格電圧を直接加える方式である．

2. Ｙ−△始動法の始動時には，△結線で全電圧始動の $\frac{1}{3}$ の電流が流れる．

3. Ｙ−△始動法の始動時には，各相の固定子巻線に定格電圧の $\frac{1}{3}$ の電圧が加わる．

4. 始動補償器法は，三相単巻変圧器のタップにより，始動時に低電圧を加える方式である．

（H27　1級電気工事施工管理技術検定試験問題）

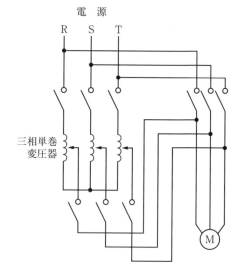

図A　補償器始動法

解説・解答

　三相かご形誘導電動機の始動法に関する知識を要求する問題です．

（1）『電気Q&A 電気の基礎知識』Q23参照．直入れ始動法ともいう．　　　　　→○

（2）テーマ Q34-3 参照．　　　　　→○

（3）テーマ Q34-3 参照．始動時はＹ結線で，$\frac{1}{\sqrt{3}}$ の電圧になります．　　　　　→×

（4）**図A**のように**三相単巻変圧器**を用い，電動機の端子にかかる電圧を下げて始動する方法です．単巻変圧器によって電圧を $\frac{1}{\alpha}$ 下げると，トルクは $\frac{1}{\alpha^2}$ となります．　　　　　→○

〔解答〕（3）

問題④-2

　低圧電動機の分岐回路の保護に関する記述として，**不適当なもの**はどれか．

1. 静止形過電流継電器の 2E リレーは，電動機の過負荷保護および反相保護（逆相保護）のために使用する．

2. 配線用遮断器は，分岐回路の短絡電流に対して十分な遮断容量を有するものを選定する．

3. 電磁開閉器は，過負荷領域において配線用遮断器より先に動作するように過電流継電器を設定する．

4. 配線用遮断器と電磁開閉器の組合せは，電動機とその配線を焼損から保護できるものを選定する．

（H27　1級電気工事施工管理技術検定試験問題）

解説・解答

　電動機の保護および保護機器の役割の知識を要求する問題です．

（1）テーマ Q38-2 参照．2E は過負荷と欠相．これに反相（逆相）が加わると 3E リレーになる．　　　　　→×

（2）テーマ Q35-2 参照．　　　　　→○

（3）テーマ Q35-4, 図 34.4 参照．　　　　　→○

（4）テーマ Q35-4 参照．　　　　　→○

〔解答〕（1）

問題❹-3

図に示す電動機回路の保護協調曲線において，機器等の特性曲線ア～エの組合せとして，**適当なもの**はどれか．

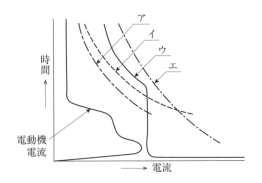

	ア	イ	ウ	エ
1.	過負荷保護装置の特性	電動機の熱特性	配線用遮断器動作特性	電線の熱特性
2.	過負荷保護装置の特性	電線の熱特性	配線用遮断器動作特性	電動機の熱特性
3.	配線用遮断器動作特性	電線の熱特性	過負荷保護装置の特性	電動機の熱特性
4.	配線用遮断器動作特性	電動機の熱特性	過負荷保護装置の特性	電線の熱特性

（H28 1級電気工事施工管理技術検定試験期題）

解説・解答

電動機の保護協調曲線に関する知識を要求する問題です．**図Bは電動機の保護協調曲線**を示します．

電動機の全負荷電流の3～6倍以下をサーマルリレー（過負荷保護装置）で保護し，それ以上の過電流や短絡電流をMCCBで保護できるように，同図の**サーマルリレー動作特性曲線①とMCCB動作特性曲線③が交差し，交差点以下の電流では前者が下回っていることが必要**です．なお，④の**電線の温度が異常に上昇して溶断する前に回路を遮断するのが③のMCCB**です．

ア→①，イ→②，ウ→③，エ→④に該当します．

〔解答〕 （1）

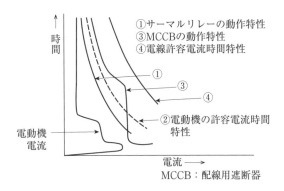

図B 電動機の保護協調曲線

MCCB：配線用遮断器

問題❹-4

かご形誘導電動機にインバータ制御を用いた場合の特徴として，**最も不適当なもの**はどれか．

1．始動電流が大きくなる．
2．低速でトルクが出にくい．
3．速度を連続して制御できる．
4．最高速度が商用電源の周波数に左右されない．

（H24 1級電気工事施工管理技術検定試験問題）

解説・解答

インバータ制御に関する特徴の知識を要する問題です．

まずインバータとは，かご形誘導電動機の周波数と電圧を同時に制御して，電動機の特性が変わらないようにV/fを一定にして電動機を可変速する制御装置です．テーマQ42，『電気Q&A 電気の基礎知識』Q28参照）．

（1）ソフトスタート法とも呼ばれ，一次電圧を下げて始動するから始動電流は小さくなる．
　　　　　　　　　　　　　　　　　　　　　　　　→×

（2）（1）より，電圧を下げるからトルクは電圧の2乗に比例するから小さくなる． →○
（3），（4）記述どおり． →○

〔解答〕 （1）

コラム7　これでもう新幹線通!?

筆者のひとりごと①

　前日に名古屋駅新幹線口近くのホテルに宿泊し，令和元年 10 月 12 日（土）にリニア・鉄道館に行って高速鉄道技術をこの目で確認する計画でした．

　ところが台風 19 号で新幹線どころか在来線ストップのうえ，見学施設までが休館となり，名古屋 2 泊となってしまいました．

　しかし，翌日は多少風はあったものの，絶好のお出掛日和となり，念願だった JR 東海のリニア・鉄道館を訪れることが出来ました．

　一番興味を引かれたのは，新幹線のモータのところで，直流電動機から三相誘導電動機に代わって単機の容量が 167 % となったのに重量が45 %，外形，高さとも小さくなったことでした

（表A，写真A）．なお，表B 中の基本構成は，16 両編成ですが，300 系の 10M6T は，モータの搭載される車両を動力車で M，されていない車両を付随車とよび，T と表示します．1 両に2 台の台車があって，1 台の台車に 2 軸の輪軸があります．よって，1 両に 4 軸あって，M 車では各軸にモータを搭載するので M 車 1 両につき 4 台のモータ数となります．

　次に興味を持ったのは，半導体素子で写真Bのように現在の N700 系では IGBT ですが，今年から運転が始まる列車は SiC 素子というシリコン（Si）と炭素（C）で構成される化合物半導体でした．

表A　モータの比較

300 系モータ		0 系モータ
三相誘導電動機（TMT 3 形）	種別	直流直巻電動機（MT 200 系）
300 kW（0 系モータの 162 %）	出力	185 kW
396 kg（0 系モータの 45 %）	重量	876 kg
484 mm（0 系モータの 83 %）	外径	580 mm
489 mm（0 系モータの 66 %）	高さ	743 mm
モータが小形軽量化できる 整流子，ブラシがなく保守点検軽減	特徴	回転数，トルク制御容易整流子， ブラシがあるため定期保守必要

表B　新幹線と半導体素子移りかわり

車両形式*	0 系	300 系	700 系	N700 系	N700S 系
基本構成	16M	10M6T	12M4T	14M2T	走行試験中につき未発表 2020 年 7 月営業運転予定
最高速度	220 km/h	270 km/h	270 km/h	285 km/h	
編成出力	11 840 kW 185 kW×64	12 000 kW 300 kW×40	13 200 kW 275 kW×48	17 080 kW 305 kW×56	
制御方式	低圧タップ制御	VVVF インバータ	VVVF インバータ		
半導体素子	−	GTO	IGBT		SiC デバイス

* 車両形式の説明は P80 コラム 6 の下参照

写真A　新幹線のモータの移りかわり
（左側の三相誘導電動機より右側の直流電動機が大きい）

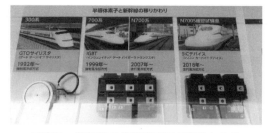

写真B　新幹線の半導体素子の移りかわり

第 **I** 部

現場の疑問編

第5章

ランプ・配線

Q

43 常識のランプ用語は？

ランプ・配線❶

ランプの基礎知識とランプを**評価する**因子を理解する上で，大切な用語があります．

今さら聞けないランプの用語とは？

A 43

ランプの基礎知識

1．ランプの光色は？

ランプの光色は，**白色光**と**有色光**に大別できます．白色光は，人間が見ることができるすべての光（これを**可視光**という）をほぼひととおり含んでいる光色をいい，このような光色を持つランプが**白色光源**で，一般照明用ランプのほとんどが該当します．たとえば，黄色みを帯びた光色の白熱電球や少し青みを帯びた光色を持つ昼光色蛍光ランプは，**可視光**をひととおり含んでいるので**白色光源**になります．

これに対し，特定の色だけを発するランプの光色を**有色光**，そうした光色を持つランプを**有色光源**といい，その代表がオレンジ色だけを発する低圧ナトリウムランプです．

2．可視光とは？

白熱電球の光をプリズムを通してみると，**図43.1**のように青紫から赤までの色が連続しているので連続スペクトルといい，波長380 〜 780 nm（ナノメートル，$1 \text{ nm} = 10^{-9} \text{ m}$）

の範囲にある光は，目に感じる光なので**可視光**といい，**電磁波**の一部です．このうち，人間が最も明るく感じるのは，555 nm付近の波長で，黄緑系の光です．

3．色温度とは？

白色光源は，それぞれ光色を持ったランプでも，そのランプの室内にいると時間の経過とともに，ほぼ白色光に見えてきます．これは人間の**色順応**によるもので正確さを欠くものですから，ランプの光色の物理的・客観的な尺度が必要となります．このために数字で表したものが**色温度**で，その定義は以下のとおりです．

黒体（物理学的に定義される真っ黒な**物体**）を外部から熱して温度を高めると，この物体の色が暗いオレンジ色，温度が高くなるにつれて黄色みを帯びた白，さらに高温になると青みがかった白色へと変化します．この黒体の光色と，あるランプの光色を比較して一致したときのランプの色をそのときの黒体の絶対温度（K；ケルビン）で表

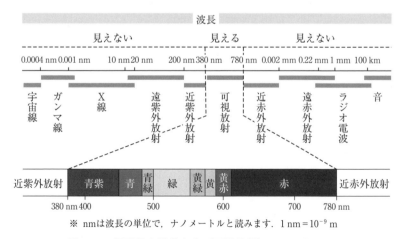

※ nmは波長の単位で，ナノメートルと読みます．$1 \text{ nm} = 10^{-9} \text{ m}$

図43.1 電磁波の波長と光（可視放射）のスペクトル

したのが**色温度**です．あるランプの**色温度**が低いことは赤みを帯びた光色を意味し，**色温度**が高いことはランプの光色が青みを帯びた光色へ寄っていることを意味します．**図43.2**のように一般に**色温度**が約3 000 K以下のランプは赤みがかった光色，約7 000 K以上のランプは青みがかった光色になります．

4．相関色温度とは？

色温度で基準となるのは黒体の熱放射の光の色です．そのため，蛍光ランプのように熱放射によらないものは，**色温度**で表すことはできず，**色温度**を修正した**相関色温度**を使用します．ただし，両方とも単位は同じKで，ランプの光色を比較するときに特に区別せずに使用します．照明ランプの中で最も多く使用されている蛍光ランプの**色温度**は，電球色が3 200 K程度，白色が4 200 K程度，昼白色が5 200 K程度，昼光色が7 200 K程度です．

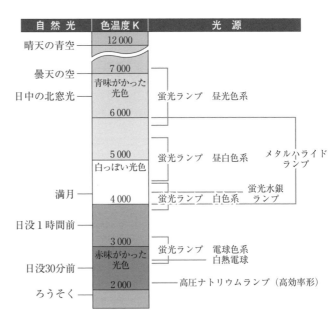

図43.2　代表的な発光体の色温度

ランプの評価

ランプを評価する際は，**演色性**，**ランプ効率**，**色温度**のほか，**ランプ寿命**，**価格**等を比較検討することになります．ここでは，演色性とランプ効率について説明します．

5．演色性とは？

物体の色の見え方に及ぼすランプの性質を**演色性**といい，**演色性**のよいランプは，色の見え方のよい特性を持つランプです．この**演色性**を定量的に評価する方法は，現在CIEC（国際照明委員会）や我が国のJIS Z 8726で定められている，色の見え方の**忠実性を評価する方法**です．

この方法は，**平均演色評価数 Ra** と**特殊演色評価数 Ri** を用いて，対象とする光源での色の見え方が基準光源での色の見え方と同じ場合を100とし，両者の色の見え方が異なれば異なるほど100より小さくなり，光源によっては**演色評価数**が負の値となります．しかし，**演色評価数**の値が負に

なる光源は，色がまったく見えないかといえばそうではありません．なお，**平均演色評価数 Ra** は，白熱電球が最も高く，蛍光ランプ，メタルハライドランプと続き，高圧ナトリウムランプ，水銀灯等は低い傾向にあります．また，一般に**演色性**のよいランプは，**演色性**の劣るランプに比べて明るさ感が高く，快適な照明環境が得られます．

6．ランプ効率とは？

ランプ効率とは，ランプの全光束〔lm〕（ルーメン）をそのランプの入力電力〔W〕で割った値で，単位は〔lm/W〕で表します．また，**総合効率**は，ランプの全光束〔lm〕を点灯回路（安定器）を含めた入力電力〔W〕で割った値で，単位は**ランプ効率**と同じく〔lm/W〕で表します．

ランプ効率はランプを評価する場合の指標の一つで，その数値が大きいほど効率が高いといえます．しかし，**ランプ効率**の高いものほど**平均演色評価数**は低くなります．たとえば，トンネル照明に使用されている**低圧ナトリウムランプ**の効率は175〔lm/W〕とランプ中最高ですがRaは−44と低く，Raが100と演色性最高の**白熱電球**は，**ランプ効率**が13.5〔lm/W〕と最下位のランプです．

44 外灯不点の判定法は？

外灯が**不点**になったとき，問題は**ランプ**なのか，**安定器**なのかの**判定法**はあるのでしょうか．外灯として多く使用されている**水銀ランプ**を例に説明します．

> 外灯不点の判定法は？

1．HIDランプとは？

HIDランプとは，High Intensity Discharge Lampの頭文字から付けられた呼称で，**高輝度放電ランプ**のことで，高圧ナトリウムランプ，メタルハライドランプ，水銀ランプの総称です．

HIDランプは大形で**ランプ効率**が高く，長寿命のうえ経済性にすぐれた光源として，大空間の明るさを求められる場所に広く使用されています．

また，道路照明のほか，低ワットの**水銀ランプ**は庭園灯や街路等の防犯灯として**屋外照明**にも広く利用されています．

2．外灯の仕様は？

水銀ランプ：蛍光形HF 200X，200 W，ランプ電圧：120 V，ランプ電流：1.9 A

安定器：東芝ライテック製2HS-2011HA

定電力形，入力電流：無負荷時0.5 A，始動時0.4 A，安定時1.2 A，**消費電力230 W**，二次電圧210 V

3．安定器が必要なわけは？

水銀ランプは，発光管内に高圧水銀蒸気を封入した高圧放電ランプで，管内の**放電**により可視光

を発光します（**図44.1**）．**放電**を開始すると，ランプ電流増加とともにランプ電圧が低下するいう**負特性**があるため，**抵抗**を入れて電流を安定に制御する必要があります．この**抵抗**（正確に表現するとインピーダンス），つまり放電を安定に制御する役割を持つのが**安定器**です．

4．今回のトラブルは？

工場出入口近くの**外灯が不点**になったので，ランプを交換しましたが点灯しませんでした．では**安定器が不具合なのか？** それが判明しなければ，**安定器**を手配して交換しても解決にはなりません．そこで，**その解決法として外灯不点の判定法**を追ってみました．

5．水銀ランプの等価回路とベクトル図は？

外灯不点の判定法を追う前に，まず水銀ランプのランプは抵抗 R ですが**始動時**はほとんど0で，時間経過とともに徐々に大きくなり，**安定時**には**ランプ電圧 $V_R = 120$ V** になるので**可変抵抗 R** として表現でき，安定器はコイルLですから**RL直**

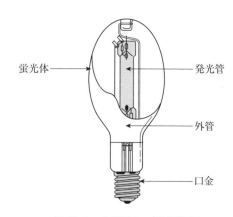

蛍光体　　　発光管

　　　　　　外管

　　　　　　口金

図44.1 水銀ランプの構造図

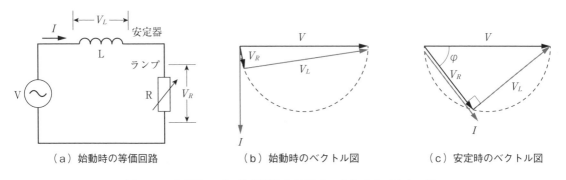

図44.2 水銀ランプの等価回路と始動時, 安定時のベクトル図

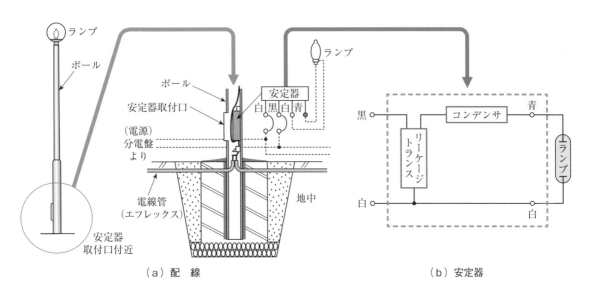

図44.3 外灯のランプと安定器

列回路の等価回路として始動時, 安定時の回路現象を大づかみすることができます(**図44.2**(a)).

ベクトル図(c)より, ランプ電圧 V_R と安定器電圧 V_L のベクトル和が電源電圧 $V = 200$ V ですから, 安定時の V_L は,

$$V_L = \sqrt{V^2 - V_R^2} = \sqrt{200^2 - 120^2} = 160 \text{ V}$$

回路に流れる電流 I は, 電源電圧 V よりコイル L により, φ だけ遅れた位相になります(同図(c)).

なお, 始動直後はランプ電圧 V_R が小さいので, たとえば, $V_R = 20$ V とすると,

$$V_L = \sqrt{V^2 - V_R^2} = \sqrt{200^2 - 20^2} = 199 \text{ V} \simeq 200 \text{ V}$$

となります(同図(b)).

なお, ランプを純抵抗と考えると, ランプ電圧 V_R と電流 I は同位相です.

6. 外灯不点の判定法は？

図44.3のように安定器取付口を外して, 安定器からの4本の電線のうち, **白-青間の電圧**をテスターで測定すると, 今までに確かめたことを判定できます. **ランプ点灯中**であれば, **白-青間は 0～120 V** で安定時なら 120 V を示します. ランプを外せば, **白-青間は安定器二次電圧**ですから 210 V を示せば正常です. このときは, 170 V でしたので**安定器が不良**でした. ランプが取り付けてあれば, 白-青間は**ランプ電圧**になります.
※ 水銀ランプは「水銀に関する水俣条約」により, 2021 年以降, 製造や輸出, 輸入が禁止される.

ランプ・配線❸

45 コンセントが使えない!?

学校の実習指導でY－△始動盤の組立て完了後，図45.1のように電源盤のプラグを三相コンセントに挿入しようとしたら入らない！

> **3P のプラグがコンセントに入らない！**

1．さし込み口形状には？

さし込み口形状は**表45.1**のように**平刃形**，**引掛形**，**抜止形**の3種類に分類され，同表では代表例として接地形2P15A125V（2P，3W GND）を取り上げました．一般的で取り扱いやすい通常のさし込み口は**平刃形**で，**抜止形**は平刃形の分類に入り，プラグは平刃形プラグを使用し，簡単に抜けないようにプラグを差してから回転させ，刃受のボッチ部に引っ掛ける構造です．この**抜止形**は**15 A125 V**の定格のみが規定され，日本独自のものです．なお，引掛形は簡単には抜けない構造と

して，プラグの刃にはコンセントの穴や刃受と同等のRが付けられています．

2．不具合の生じたプラグ，コンセントは？

コンセントは，図45.1のように露出形の**引掛形30 A 接地形3P250V**（3P，4WGND）でプラグの極配置の異なるものを手配したことが原因でした．コンセントに合った**極配置の正しいプラグ**は**図45.1**にも示しましたが**写真45.1**のプラグで，これを手配して三相モータを運転することができました．

3．接地形3P30A 引掛形の極配置は規格化されていないのか？

（一社）日本配線システム工業会によれば，**接地形3P30A 引掛形**（250 V）のプラグ，コンセントとも電気用品安全法，電気設備の技術基準の解釈，JIS C 8303 の「配線用差込接続器」に規定されていないため，法的には規格化されていないのが現状です．

表45.1　さし込み口形状のタイプ

分類／項目	平刃形	引掛形	抜止形
代表例	平刃形 接地形2P 15A 125V	引掛形 接地形2P 15A 125V	抜止形 接地形2P 15A 125V
説明	プラグ栓刃が直線（ストレート）形状をしており，抜き差し動作が一定方向	プラグ栓刃がR状に形成されており，コンセントなどの受け側に差し込んだ後，右に回すとロックされて引き抜くことができなくなるさし込み口．確実な接続・性能を必要とする場合	コンセントやOAタップなどの受け側のみが対象のさし込み口形状．平刃形の〔接地型2P15A125V〕のプラグが使用でき，嵌合後に右に回すと簡易ロックできるさし込み口

（アメリカン電機（株）配線器具総合カタログより引用）

しかし，日本国内では当初の製作の流れから，以下の2種類が製品として市場に出回り，同工業会の規格で規定されています．

 A．米国 NEMA 規格[1]（L15-30）

 B．米国 UL498 規格[2]

  またはメーカー独自のもの

すなわち，今回のコンセントの極配置は，上記Aの規格で製造されたもの，また筆者が誤って手配したコンセントの極配置に合わなかったプラグは，上記Bで製造されたものでした．

また，同一製造社でも上記の**2種類**があるので，手配するときには注意が必要です．

4．接地形 3P30A でも平刃形は1種類か？

このタイプは，JIS C 8303 に定められていて，引掛形でないため接地極の配置は1種類です．また，250 V 接地形 3P の 20 A と 30 A では同じ形状ですが，寸法が異なるため 3P20A のプラグでは 3P30A のコンセントに挿入できません．

5．接地形 3P30A 引掛形以外にも国内の　メーカー間で非互換のものはあるか？

 ①接地形以外の 3P30A250V 引掛形

 ②接地形 2P20A250V 引掛形

 ③接地形 2P30A250V 引掛形

の3種類，接地形 3P30A のものを含めると4種類が**非互換**になるため，今回の例のようにコンセントが既設で，プラグ手配時には注意が必要です．

6．接地形で引掛形の接地極は？

プラグもコンセントも引掛極，すなわち刃の曲がっている部分のある極が**接地極**に該当します．

（注）

※1　**NEMA 規格**；NEMA は米国電機製造業者協会の略称．電気製品等の選択と購入の手引きとする目的で制定された団体規格．WD-6 項に配線器具に関する記述があり，定格や極配置寸法等が定められている．L15-30 は同規格の極配置の呼び方で，L は引掛形，15 は規格の連番，30 は 30 A

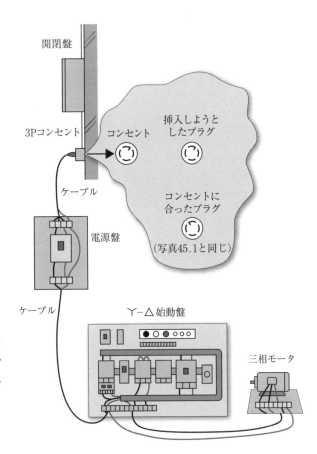

図45.1　接地形 3P30A 引掛形コンセント使用例

写真 45.1　図 45.1 での正しいプラグ

定格を意味する．

※2　**UL 規格**；米国の火災保険業者によって設立された非営利試験機関で，火災等の事故から人命，財産を守ることを目的として，電気製品や材料，部品の安全規格の判定，試験評価，承認登録，検査を行い，この機関が発行する規格を指す．

I 部　疑問編

5章 ランプ・配線

ランプ・配線❹

46 電線の常識は？

電線について，送電線，配電線，建物内配線（以下「屋内配線」という）の三つの分類別に使用されている電線の種類，また，分類した三つの抵抗とリアクタンスの比率を取り上げます．

電線の常識は？

1．分類別に使われている電線は？

送電線

架空送電線には，導体のみで構成された電線，すなわち裸線が使用され，大部分は鋼心アルミより線（ACSR ともいう．図46.1）の耐熱性を高めた鋼心耐熱アルミ合金より線（TACSR という）で，硬銅より線やアルミ合金より線も使用されています．

送電用ケーブルは，OF ケーブル（油入ケーブル）からCV ケーブル（図46.2）が主体になっています．

配電線

架空配電線には絶縁電線が使用され，高圧用として，OC（架橋ポリエチレン），OE（ポリエチレン），鋼心アルミより線，硬アルミ線，低圧用としては OW（屋外用ビニル絶縁電線），DV（引

込み用ビニル絶縁電線）等があります．

配電用ケーブルは，もっぱら CV ケーブルが使用され，高圧用ではトリプレックス型（CVT），低圧用は丸型（3芯一括シース型）が多く使用されています．CVT は，単心ケーブルを3本より合わせたものです．

屋内配線

一般的に低圧用として，電線には IV（600 V ビニル絶縁電線），ケーブルには CV ケーブルとともに VV ケーブル（ビニル絶縁ビニルシースケーブル）が使用されます．なお，ケーブルは天井内にころがし配線の施工が可能ですが，IV の場合はシースがないため電線管内に収納して施工することになります．

2．屋内配線電線管工事に OW は使用できない？

合成樹脂管，金属管，可とう電線管等に収める絶縁電線は，技術基準の解釈により OW 以外としています．OW は，低圧架空電線に使用される屋外用で，絶縁体の厚さがIV の 50 ～ 75 ％となっているため使用できません．一方，DV は，絶縁体の厚さがIV と同じで保安上支障がないので電線管工事に使用することが認められています．実際，調べてみると 2 mm の電線の場合，絶縁体の厚さは，以下のとおりとなっていました．

IV ：0.8 mm

OW：0.4 mm

DV ：0.8 mm

3．電圧降下の式は？

電線の抵抗とリアクタンスの比率は，電圧降下に大きく影響します．一般に，負荷電流を I〔A〕，電線1条の抵抗を r〔Ω/km〕，電線1条のリア

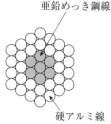

亜鉛めっき鋼線

硬アルミ線

図46.1　ACSR の構造

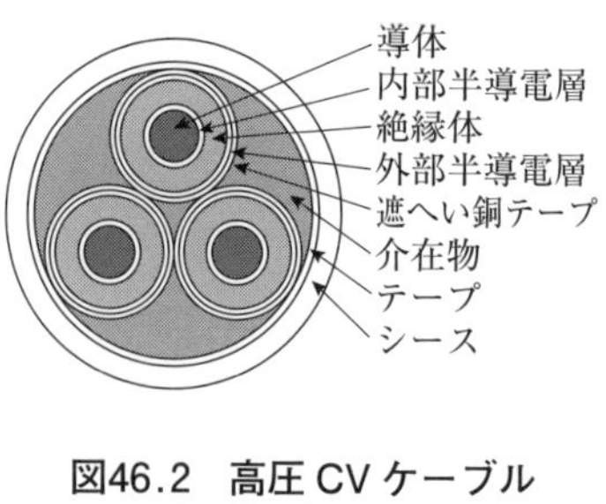

導体
内部半導電層
絶縁体
外部半導電層
遮へい銅テープ
介在物
テープ
シース

図46.2　高圧 CV ケーブル
（3芯一括シース型）

クタンスを x〔Ω/km〕，θ を力率角，k を配線方式による係数，L を線路こう長〔km〕とすれば，図46.3 より，**電圧降下 e**〔V〕は，

$$e = kI(rL\cos\theta + xL\sin\theta)\,\text{〔V〕}$$
$$= kI(R\cos\theta + X\sin\theta)\,\text{〔V〕} \qquad (46\cdot1)$$

ただし，k の値は単相2線式は2，単相3線式は1，三相3線式は $\sqrt{3}$ です．

4．電線の抵抗とリアクタンスの比率は？

次に，三つの分類別に使用される電線の抵抗とリアクタンスの比率の違いを説明します．

送電線

架空送電線の場合，電圧が高くなるほど抵抗に比べて**リアクタンスが大きく**なります．

TACSR で同じ太さの場合，抵抗を1とすると，**リアクタンス**は500 kV は約35，275 kV は約22，154 kV は13，66 kV は約11となり，大ざっぱに言うと抵抗を無視して**リアクタンスのみ**で考えることができます．なお，500 kV では静電容量（以下「C分」という）がかなり大きくなります．また，**送電用ケーブル**でも抵抗に比べてリアクタンスの方が大きく，かつL分よりもC分が大きくなります．なお，ここでのリアクタンスは，図46.3 のL分ではなくC分を指します．

配電線

6 kV 高圧配電線は，過密・過疎地域や住宅・商業・工業地域等によって配電方式が異なり使用電線も違うため，送電線のように一般論で表現することはできません．アバウトになりますが，120 mm² 以上の硬アルミ線や250 mm² 以上のCVTでは抵抗に比べてリアクタンスが大きく

なりますが，それほど値の大きさに開きがないため，抵抗も考慮する必要があります．また，配電線では，電線が細くなると抵抗の方がリアクタンスに比べて大きくなる場合があります．したがって，**配電線では抵抗，リアクタンス**を両方とも無視することはできません．

屋内配線

低圧の場合を前提に話を進めます．電線が細い，太いでわけて考え，それぞれについて**力率が1，力率が1より小さい場合**の二通りについて考えます．

電線が細い場合；抵抗の方が**リアクタンス**よりも大きくなります．**力率1** の場合は，図46.4 のようなベクトル図となり，単相2線式の電圧降下の式は，式(46・1)で，$\sin\theta = 0$ ですから，

$$e = 2RI \qquad (46\cdot2)$$

力率が1より小さい場合は，式(46・2)で計算した電圧降下の値よりも小さくなります．

電線が太い場合；抵抗より**リアクタンス**の方が大きくなりますが，**力率1** の場合は式(46・2)と同じになり，電圧降下は抵抗だけで決まります．

しかし，**力率が1より小さい場合**は，図46.5 のように電圧降下 e は，式(46・2)の $2RI$ の値よりも大きな値になります．なお，図46.3 は電線1条の場合で，図46.4，46.5 もそのベクトル図です．

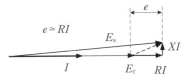

図46.4　電線が細く，力率1の場合

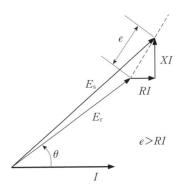

図46.5　電線が太く，力率1より小さい場合

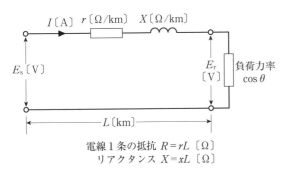

電線1条の抵抗 $R = rL$〔Ω〕
リアクタンス $X = xL$〔Ω〕

図46.3　電圧降下

I部 疑問編　5章 ランプ・配線

ランプ・配線❺

47 電線とケーブルの違いは？

知っておきたい**電線**，ケーブルの知識を解説します．

ケーブルと電線はどう違う？

1．ケーブルと電線の違いは？

電気設備技術基準第1条によれば，「**電線**」とは，強電流電気の伝送に使用する電気導体（裸線），絶縁物で被覆した電気導体（**絶縁電線**）または絶縁物で被覆した上を**保護被覆**で保護した電気導体（**ケーブル**）をいうとしており，法律的には**ケーブル**は，電線の一種になります．

上で説明したことをもっとわかりやすく表現すると，**電線**は導体に絶縁体を施しただけですが，ケーブルは**図47.1**（b）のように絶縁体に，さらに**シース**（保護被覆）を施したものとなります．

ビル内の配線で考えると，**ケーブル**の場合は天井裏等に**ころがし配線**ができますが，**電線**の場合は金属製または合成樹脂製の電線管内に入れて配線する必要があります．

2．用途からの分類は？

電力用，**制御用**，**情報通信用**と大きく三つの用途に分類できます．

ここでは，**電力用**と**制御用**を主体に扱います．

3．電力用ケーブルには？

特別高圧，高圧とも受電引込みケーブル，配電用ケーブルとして**CV**ケーブルが使用されています．この用途には**3心**ケーブルが用いられ，これには**3心**をより合わせ一括シースを施した**3心ケーブル**の**図47.2**（a）と，単心ケーブルを3個

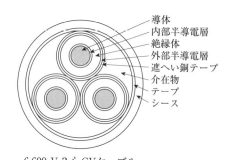

導体
内部半導電層
絶縁体
外部半導電層
遮へい銅テープ
介在物
テープ
シース

6 600 V 3心 CVケーブル

（a）3心ケーブル

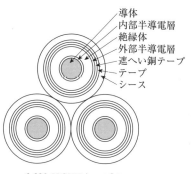

導体
内部半導電層
絶縁体
外部半導電層
遮へい銅テープ
テープ
シース

6 600 V CVTケーブル

（b）トリプレックス形

図47.2　高圧 CV ケーブル

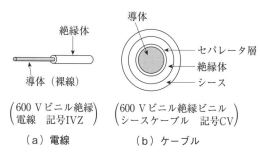

絶縁体

導体

導体（裸線）

セパレータ層
絶縁体
シース

$\left(\begin{array}{l}600\,\text{V ビニル絶縁}\\ \text{電線　記号IVZ}\end{array}\right)$　$\left(\begin{array}{l}600\,\text{V ビニル絶縁ビニル}\\ \text{シースケーブル　記号CV}\end{array}\right)$

（a）電線　　　　　　（b）ケーブル

図47.1　電線とケーブル

より合わせた**トリプレックス形(CVT)**の図47.2
（ b ）の２種類があります．後者の CVT の方が端
末処理，接続が容易で作業性がよいほか，電流容
量が 10 ％程度大きくとれ，地絡から短絡に移行
しにくい等の理由で多く使用されています．図
47.2 は高圧用の **CV ケーブル**ですが，33 kV 以下
の特別高圧用なら同じ構造です．

ビル，工場の建物内配線用ケーブルには，**CV
ケーブルが低圧幹線**として，**VV ケーブル**がエア
コン，照明器具，コンセント等の負荷機器に至る
配線として多く使用されています．なお，低圧
CV ケーブルの構造は**図 47.3** のとおりで，高圧
ケーブルとの違いは**金属製遮へい層がない**ことで
す．

（→ CV の遮へい層は Q 17 参照．）

4．制御用ケーブルは？

制御用ケーブルは，現場機器の操作・制御およ
び測定のために現場機器と制御室制御盤とを結ぶ
配線に使用されています．JIS で 7 種類の**制御用
ケーブル**が規定されていますが，主に使用されて
いるのは **CVV** です．なお，金属製遮へい層を設
けたものは **CVVS** ですが，**遮へい層を設ける目
的は電力用ケーブルとは異なります**．

（→ CVVS の遮へい層は Q 18 参照．）

5．ケーブルの略号とは？

JIS から抜粋した主な**ケーブルの略号**例を表
47.1 に示しました．同表は高圧までのゴム・プ
ラスチック絶縁ケーブルです．**ケーブルの略号**は，

①電力用ケーブル

　定格電圧＋絶縁体＋シース

②制御用等のその他のケーブル

　用途＋絶縁体＋シース

で表記します．この略号と「線心数＋導体断面積」
でケーブルの仕様を特定することになります．

このほか丸型以外の場合，たとえば平形は F，
トリプレックス形は T を追記して表示します．

したがって，600 V CV22 mm²×3C なら，600 V
架橋ポリエチレン絶縁ビニルシースケーブル，導
体サイズ 22 mm² の 3 心ということを示します．

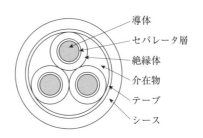

図 47.3　低圧 CV ケーブル

表 47.1　JIS から抜粋した主なケーブルの略号

	略号	略号の意味
電力用	600 V　CV 3 300 V　CV 6 600 V　CV 3 300 V　CVT 6 600 V　CVT 600 V　VV 600 V　VVF 600 V　VCT 600 V　PNCT	CV；絶縁体 C，シース V C = Crosslinked Polyethylene （架橋ポリエチレン） V = PVC＊（ビニル） CVT の T；Triplex （トリプレックス形） VV；絶縁体 V，シース V VVF の F；Flat（平形） VCT，PNCT の CT；Cabtyre P = Etylene Propylene N = Neoprene （クロロプレンシース）
制御用	CVV CVV-S	C；Control VV；絶縁体 V，シース V S = Shield （銅テープシールド付き）

＊ PVC：Polyvinyl Chloride の略，ポリ塩化ビニル
　　　（俗にビニルと呼ばれる）

6．ケーブルの構造は？

図 47.1 ～ 47.2 より構造の一番複雑な高圧ケー
ブルを例に説明すると，基本的に導体，絶縁体，
遮へい層およびシース(外装)によって構成されま
す．

⬚導体　銅およびアルミニウムが使用されます．

⬚絶縁体　電気的性能；耐熱性に優れている**架橋
ポリエチレン**が使用されます．

⬚遮へい層　外部半導電層上に**銅テープ**を巻いて
あります．

⬚シース　絶縁体を外傷，水分，有害物質から保
護します．

48 送り配線とは？

ランプ・配線❻

電灯（照明）とコンセントは，送り配線になっていることがあります．

送り配線とは？

説明

次ページの**図48.1**は，鉄骨軽量コンクリート造の工場，事務所の電気配線図の例です．特記のある場合を除き屋内配線の電灯回路は 600 V ビニ

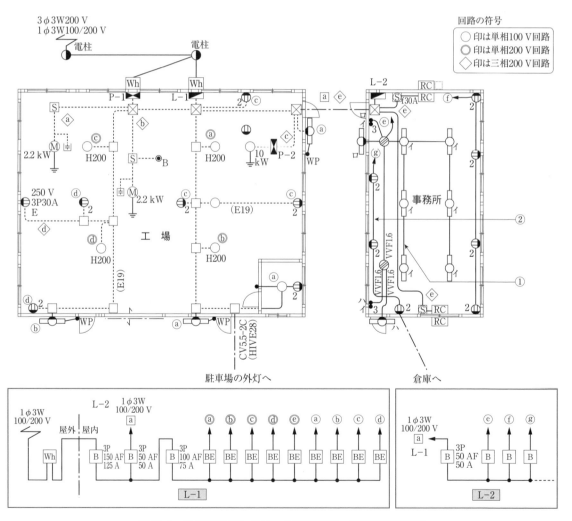

図48.1　鉄骨軽量コンクリート造の工場，事務所の配線図

ル絶縁ビニルシースケーブル平形(VVF)，動力回路は600 V架橋ポリエチレン絶縁ビニルシースケーブル(CV)です．

なお，屋内配線等の電線の本数，太さ，その他，Q 48のテーマに直接関係ない部分等は省略または簡略化してあります．

Q 48のテーマの**電灯**，**コンセント**は事務所を対象とし，工場には動力3φ 3 W 200 V，電灯1φ 3 W100/200 Vを引き込み，電灯は分電盤L－1の a 回路から分岐して事務所内の分電盤L－2に配線されます．動力の分電盤P－1の結線図は省略していますが，ⓐ～ⓓは工場の動力，ⓔ回路のみ事務所のエアコンに供給しています．

1．電灯の送り配線とは？

事務所分電盤L－2の結線図中，分岐回路ⓔは，**図48.1**の事務所配線図のジョイントボックスのⓔに接続されます．この回路は，同図の①で示す部分，2か所の事務所出入口の壁付蛍光灯ロ，ハはそれぞれ1個の点滅器があります．そのほかに6灯の蛍光灯イを1グループとして，2か所の出入口室内側に3路スイッチが取り付けられています．すなわち，回路ⓔに接続された**6灯の蛍光灯イ**が送り配線となっています．

筆者は，電灯の**送り配線**がわかっているつもりでしたが，以下の体験をしました．**図48.2**のイ－1に該当する**送り配線**の蛍光灯に相当量の水がかかってしまい，漏電遮断器が動作してトリップした結果，工場内照明が部分的ですが真っ暗になってしまいました．そのため，その回路のイ－1に該当する配線を一時的に外して，漏電遮断器を投入したのですが，イ－1が送り配線の最初だったので点灯しなかったのです．

そこで，同図の破線のように，イ－1の器具のみの配線を外して，イ－2とイ－4への送り配線をイ－1に供給されている電源線に応急措置として一時的に接続することで，1灯を除き，工場内照明を点灯させて対応できました．

2．コンセントの送り配線とは？

事務所分電盤L－2の結線図中，分岐回路ⓖは

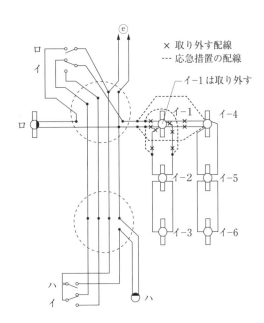

図48.2 ①の電灯の送り配線

× 取り外す配線
--- 応急措置の配線

イ－1は取り外す

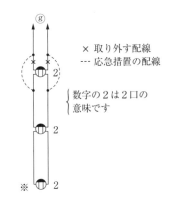

× 取り外す配線
--- 応急措置の配線

数字の2は2口の意味です

図48.3 ②のコンセントの送り線

図48.1の事務所配線図のⓖに接続され，これが**送り配線**のコンセント回路です．

このコンセント**送り配線**では，筆者が電気技術の指導をした後輩から，「不良のコンセントの配線を外したら，ほかのコンセントが使えなくなった」と相談があり，これが**送り配線**の一番最後(**図48.3**の※)であれば支障も出なかったのですが，おそらく電源に一番近いか，**送り配線**の途中のコンセントであると考えられることを説明して，配線替えを行って使用できるようになりました．

注）送り配線は「わたり配線」ともいう．

117

Q49 配線は信頼できるか？

ランプ・配線❼

信頼性の高い**配線**にまつわるいくつかのトラブル事例を紹介します.

> 配線は信頼できる？

A49

事例1 空気圧シリンダが自動・手動とも動かなくなった（**図49.1**）.

説明 操作盤に自動−手動の切替スイッチがあり, 自動はシーケンス上の条件でソレノイドバルブに信号が入って空気圧シリンダが動き, 手動は運転の押ボタンスイッチを押すことで動きます.

原因 操作盤に取り付けられている切替スイッチの**配線**が扉裏側にあり, この部分での**配線の断線**が原因でした. 通常, 操作盤に使用するのは 600 V ビニル配線（IV）で, 制御回路は 1.25 mm² ですから**断線**することはありませんが, 切替スイッチの端子に接続するときは IV 線に**図49.2** のように**圧着端子**を使用するため, IV 線の絶縁被覆をむき, 心線に合う適切な**圧着端子**を挿入し, その**圧着端子**に適合する圧着工具を使用して圧着作業を行います.

この場合, **圧着端子**のサイズに合う圧着工具の歯口を使いますが, 端子のサイズより大きい歯口で圧着作業をしたと考えられます. そのため圧着接続力が弱く, 切替スイッチのつまみ方式も加わって取付け用の締付リングが緩んで**切替スイッチ**を操作するたびに配線が引っ張られて動き, **圧着端子**の根元から断線したと推察されます.

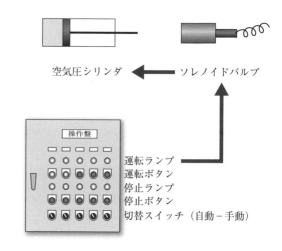

図49.1 空気圧シリンダ, ソレノイドと操作盤

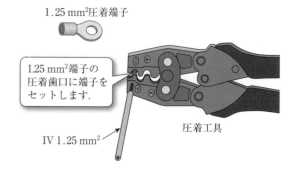

図49.2 圧着端子と圧着工具

事例2 制御盤の端子台から発火！

原因 制御盤内端子台（**写真49.1**）の外線側に接続された圧着端子を固定する**ビスの緩み**が原因でした.

端子台の圧着端子固定用ビスの緩みによって**接触抵抗が大きくなり**, そこに流れる電流での発熱 I^2R による**過熱**で IV 線の被覆のビニルが発火し, 端子台に集中している電線の被覆である**ビニル**の火災になったものです. たかが**配線の端子の緩み**

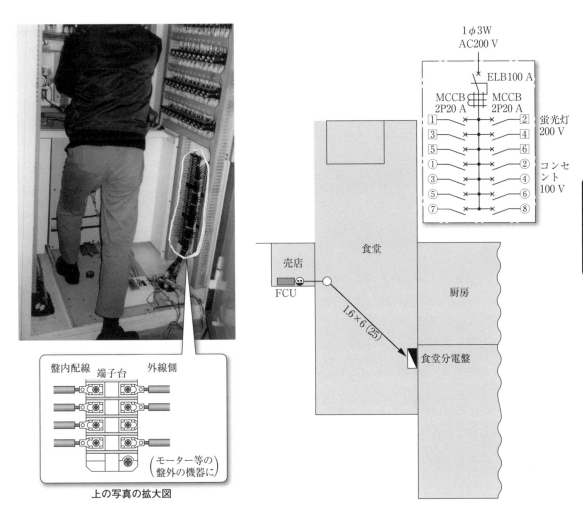

写真 49.1　制御盤内の端子台（白く囲んだ部分）

図 49.3　食堂電気配線図と電灯分電盤（イメージ）

が引き起こした**電気火災の実例**です．幸い発見が早く消火器による初期消火の段階で消し止めたので，大事には至りませんでした．

◆**事例3**　毎日，決まった時刻になると**食堂の電灯回路の主幹 ELB が漏電でトリップする！**

　説明　毎日 16 時 30 分になると食堂電灯分電盤の主幹 ELB が**漏電でトリップ**しました．

　原因　16 時 30 分に運転する機器はなく，空調のプログラムに組み込まれ，停止するのはファンコイル（FCU）だけでした．この電灯分電盤に接続される FCU は売店に設置されているだけだったので，これを含めて分岐回路のすべての**絶**縁抵抗を測定したのですが**絶縁抵抗**の低いものはなく，分岐回路は正常でした．

　引渡し後6か月も経過しておらず，施工した電気工事業者とともに調査しても毎回，**絶縁抵抗は正常**でした．また，電気工事業者から**対策方法**の提案もなかったので，筆者は売店の FCU に供給する配管内の IV 線を引き換える提案をしたところ，電気工事業者は，しぶしぶこれを受け入れ，**電線引換後**は漏電の発生はまったくなくなりました．なお，引き抜いた IV 線の絶縁被覆には傷一つなく釈然としないものがありましたが，**原因不明**でも，その後漏電の発生はなくなりました（図49.3）．

50 制御弁式蓄電池とは？

蓄電池には，従来より鉛蓄電池，アルカリ蓄電池が使用されてきましたが，現在は**制御弁式蓄電池**が主流となっています．

制御弁式蓄電池とは？

A 50

1．電池の種類は？

一次電池，二次電池，燃料電池の3種類があります．**一次電池**は使い切り電池，すなわち充電できない電池で乾電池が該当します．**二次電池**は充電すれば何度も繰り返し使える電池で，鉛蓄電池，アルカリ蓄電池，リチウムイオン電池等があります．**燃料電池**は内部エネルギー源を蓄えているものではなく，外部から水素と酸素を供給して電気化学反応により電力を発生する一種の発電装置です．ここで取り上げる**制御弁式蓄電池**は，鉛蓄電池の一種で**二次電池**に分類されます．

2．蓄電池のタイプとメンテナンス性は？

鉛蓄電池あるいはアルカリ蓄電池には，**ベント形**と**シール形**があります．**ベント形**は，内部で発生した酸霧あるいはアルカリヒュームを外部に放出しないように電槽上部の通気口に防まつ構造を持つ**排気栓**を備えているものです．内部で発生するものが酸霧であれば鉛蓄電池，アルカリヒュームであればアルカリ蓄電池です．このタイプの蓄電池は**浮動充電方式**[※1]で使用する場合，常時微少ながら電解液中の水分が電気分解されて酸素ガスと水素ガスとなって外部へ出ます．したがって，保守作業として欠かせないのが定期的な補水作業

で，メンテナンスが必要になります（**写真 50.1**）．

これに対して**写真 50.2**のように蓄電池の排気口に**触媒栓**を取り付けた**シール形**の場合は，電気分解によって発生した酸素ガスと水素ガスが触媒の作用により再び水に戻るので水分の消失は減少し，補水作業の間隔が長くなります．ただし，**触媒栓**には寿命があり，長期間使用していると機能が低下して補水作業の間隔が短くなるため，メーカーでは5年ごとの交換を推奨しています．

3．従来の蓄電池のメンテナンスは？

（1）**鉛蓄電池**では，**放電し過ぎ**たり，**充電不足**が続くと負極板に硫酸鉛が硬い白い結晶として析出し，充放電のサイクルに戻れなくなります．これを**サルフェーション**といい，性能低下となり，**寿命**が短くなります．

（2）ベント形では電解液が低下するため**補水作業が欠かせません**．補水を怠ると極板が空気中に露出しその部分が白色硬化して性能低下を招くだけでなく，充電しても性能回復が困難となり寿命が短くなります．

写真 50.1 ベント形アルカリ蓄電池

サルフェーションという現象は鉛蓄電池だけのものですが，アルカリ蓄電池も鉛蓄電池同様に均等充電と補水作業は，ベント形，シール形ともに欠かせないメンテナンスになります．

4．制御弁式蓄電池とは？

シール形鉛蓄電池を一歩進めて蓄電池寿命期間中の補水をまったく不要としたものが制御弁式蓄電池です．制御弁式の原理は，密閉構造にして充電中の電気分解による負極の水素ガスの発生を抑え，正極から発生する酸素ガスを負極に導いて吸収させる内部ガス循環方式で，水分の消失がないので補水の必要がありません．このことから制御弁式蓄電池は，負極吸収式あるいは陰極吸収式シール形鉛蓄電池と称され，極板格子にカルシウム合金を採用しているため自己放電量が少なく，充電状態のバラツキが生じにくいので均等充電が不要です．そのうえ，従来の蓄電池のように比重，電圧測定や補水作業のための電池上部のメンテナンススペースが不要になるので設置スペースを縮小することができます．

この制御弁式蓄電池は，密閉構造なので水素ガスや電解液の希硫酸が漏れ出す心配もなくなり，従来より転倒の可能性のあるオートバイに使用されてきました．しかし，充電装置等の故障で過充電になって多量のガスが発生し，蓄電池内圧が上昇すると，電槽爆発の危険性があるため，ガスを放出する安全弁の役目を果たすゴム製の制御弁があります．

5．制御弁式蓄電池の課題は？

制御弁式は，メンテナンスフリーでいいことずくめのようですが課題もあります．
（1）蓄電池温度が非常に高くなった場合に充電電流が増加し，温度がますます上昇する熱逸走現象[2]があること．
（2）使用年数とともに内部抵抗が上昇するため定期的に内部抵抗測定が必要（写真50.3）．

（注）
※1　浮動充電方式：整流器出力側に電池と負荷を並列に接続し，常時電池を充電しながら整流器から負荷に電力を供給する充電方式．
※2　熱逸走現象：浮動充電電圧の設定値が高過ぎるとか，周囲温度が高い等の条件の下では充電電流が増加し，蓄電池温度がますます上昇する現象のこと．サーマルランナウェイ現象のこと．実例は，「電気Q&A 電気設備のトラブル事例Q42」参照．

写真50.2　シール形（触媒栓付）アルカリ蓄電池

写真50.3　制御弁式蓄電池の内部抵抗測定

問題で確認⑤ ランプ・配線

問題⑤-1

照明の光源に関する記述として，**不適当なもの**はどれか．

1. 水銀ランプは，メタルハライドランプに比べて平均演色評価数が低い．
2. 水銀ランプは，直管形蛍光ランプ（高周波点灯専用形）に比べてランプ効率が高い．
3. ハロゲン電球は，メタルハライドランプに比べて定格寿命が短い．
4. ハロゲン電球は，直管形蛍光ランプ（高周波点灯専用形）に比べて色温度が低い．

（H23 1級電気工事施工管理技術検定試験問題）

解説・解答

照明の光源を評価する場合，**色温度，平均演色評価数，ランプ効率，定格寿命**，価格等を比較して決めます．Q43より，（1），（4）→○，（2）のランプ効率は，平均演色評価数の低いものは，一般的にランプ効率は高くなりますが，水銀ランプの平均演色評価数 Ra = 14〜50，ランプ効率も 55 lm/W と低く，高周波点灯専用形蛍光ランプ，通称 Hf 蛍光ランプは，それぞれ Ra = 84，148 lm/W と高い．したがって，（2）→ ×，（3）の定格寿命はハロゲン球が 2 000 h，メタルハライドランプが 12 000 h です．→○

〔解答〕 （2）

〈注意〉

国連環境計画の外交会議で「水銀に関する水俣条約」が採択，署名され，**一般照明用の高圧水銀ランプは，水銀封入量に関係なく，2021 年から製造，輸出または輸入が禁止**となりました．

メタルハライドランプと高圧ナトリウムランプは規制対象外ですが，国内メーカーでは，HID照明器具のLED照明器具へのリニューアル化を進めています．

問題⑤-2

図Aのように，電線のこう長 16 m の配線により，消費電力 2 000 W の抵抗負荷に電力を供給した結果，負荷の両端の電圧は 100 V であった．

配線における電圧降下〔V〕は．

ただし，電線の電気抵抗は長さ 1 000 m 当たり 3.2 Ω とする．

イ．1　ロ．2　ハ．3　ニ．4

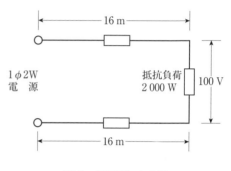

図A　問題⑤-2の図

（H30 上期 第二種電気工事士筆記試験問題）

解説・解答

抵抗負荷 $P = 2 000$ W の電圧 $E = 100$ V であるから，流れる電流 I〔A〕は，

$$I = \frac{P}{E} = \frac{2\,000}{100} = 20 \text{ A}$$

（『電気Q&A電気の基礎知識』のQ2の式(2・2)参照）

したがって，単相2線式の電圧降下 e〔V〕は，**Q46 の式(46・1)** より，$k = 2$, $\cos\theta = 1$, $\sin\theta = 0$ だから，

$$e = 2RI = 2 \times 16 \times \frac{3.2}{1\,000} \times 20 = 2.048 \fallingdotseq 2\,〔V〕$$

〔解答〕 ロ．

第**II**部

現場の経験編

竣工経験・
提案・
HOW TO

竣工経験❶

⑤1 竣工引渡しの流れは？

現場経験編は，筆者が実際に現場で経験してきたノウハウをビギナーに伝授するもので，以下の3つの内容から構成されます．

- ・竣工経験
- ・建設計画提案
- ・HOW TO

ただし，この経験編は，**筆者が主にビルで経験した一例**を紹介しているということです．したがって，ほかにも方法があるということを前提のうえ，お読みください．

> ビルの竣工引渡しの流れとその注意点は？

1．ビルの竣工引渡しの重要性

延床面積1万 m² 前後の中規模新築ビルの場合を例にすると，大まかな**竣工引渡し**の手順は，工事完成→確認(検査)→引渡し→使用という流れになります．ところで，従来のビルは，箱ものを作って冷暖房可能であればよしとされてきました．しかし，最近のビルは，オフィスとして快適な生活空間を提供することが求められます．

すなわちビルは，機能性，利便性，快適さ，安全・安心，健康，環境，さらには省エネルギーといった多角的欲求を満たすことが要求されるようになりました．

したがって，建築工事費に占める設備工事費の比率が増し，設備がより複雑化してきたため，管理も簡単ではなく竣工引渡しがビル管理の出発点となり，**竣工引渡し**がより重要になりました．

2．竣工引渡しの流れは？

筆者が経験したビルの**竣工引渡し**の流れの一例を**図51.1**に示します．ここで筆者の立場は，施主の管理側で，竣工引渡し後の営業開始時にはビル管理会社に業務委託する設備保守管理を監督する技術員でした．また，ビルの設計は設計事務所にお願いし，**施工監理**はこの設計事務所と施主の建設担当が行いました．

この**竣工引渡し**の流れの中で大切なことは，引渡しを受ける側でも立場によって微妙に変わってきます．しかし，施主でもビル管理会社でもこれから電気設備を管理していく場合，まず**竣工図書一式**の引渡し，次に**取扱い説明**を受けます．

次に現場を巡回しながら図面と照合し，受電～変電設備～配電盤～幹線～制御盤・分電盤というビルの電気配線，すなわち受電および幹線系統を頭に入れます（『電気Q&A 電気の基礎知識』のQ31～35参照）．この作業の中で**不具合事項**を見つけ，施工工事業者（以下「**施工業者**」という）が現場に常駐している間に手直しを求め，完全な状態にして**引渡し**を受けることが原則です．この**不具合事項**を見つけるには，技術力，経験，熱意，それに根気が必要です．筆者が見つけた**不具合事項**のいくつかを次テーマで紹介します．また，この時期には検査とともに**試運転調整**が施工業者の下で主にメーカーによって行われますので積極的に立会うようにします．しかし，引渡し前のこの作業は，**施工業者**の監督さんによっては，管理側の参加を嫌う傾向にありますので謙虚な気持ちで見学させてほしいと言えば拒否されないものと思います．

要は私たちは早く覚えて新しい設備に慣れることが必要なため"覚えた者勝ち"です．

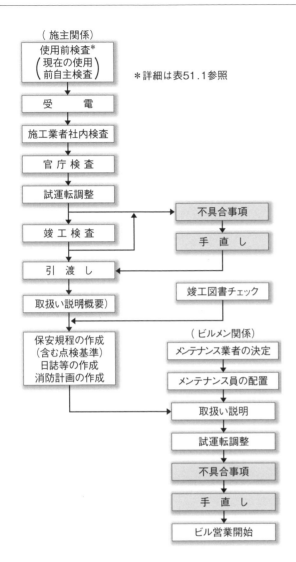

図 51.1　ビル竣工引渡しの流れ（例）

表 51.1　自家用電気工作物使用前検査
（現使用前自主検査）実施手順

1. 検査立会者紹介
2. 自家用電気工作物概要説明
3. 検査内容説明
4. 外観検査
5. 接地抵抗測定
6. 絶縁抵抗測定（高圧）
7. 絶縁耐力試験
8. 保護装置試験
9. 絶縁抵抗測定（低圧幹線）
10. 負荷設備状況検査
11. 検査結果講評

写真 51.1　使用前検査の様子
（中央が筆者，その右が検査官）

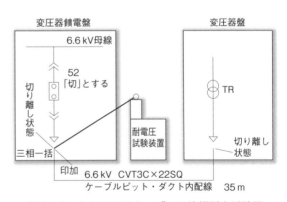

図 51.2　6 kV CVT ケーブルの絶縁耐力試験図

3．使用前検査とは？

　図 51.1 の「**使用前検査**」は，平成 12 年 7 月の電気事業法の改正により，現在では「**使用前自主検査**[1]」と変わっています．筆者が経験した当時は「**使用前検査**」と言って**工事計画の事前届出**したものについて直接，国による検査が行われ，この検査に合格しないと受電できませんでした．当時，管理側で，かつ**主任技術者**だった筆者は，この検査に立ち会ったことがなつかしく思い出されます（**写真 51.1**）．なお，この検査の内容（実施手順）を参考までに**表 51.1** に示すとともに，この中の試験項目のうち 6 kV の CVT ケーブル[2]

の絶縁耐力試験図を**図 51.2** に紹介しました．

4．竣工図書とは？

　図 51.1 で示した**竣工図書**とは，大まかには次のとおりです．**竣工引渡し**の中で最も大切なもので，その後の維持管理に必要となります．

表 51.2　遮断器インターロック条件表（例）

No.	操作対象	投入条件	遮断条件	No.	操作対象	投入条件	遮断条件
1	常用側断路器（289）	252 切	252 切	9	電灯用遮断器（752）		751 / 427（タイマ）
2	予備線側断路器（189）	152 切	152 切	10	動力用遮断器（852）		851 / 427（タイマ）
3	常用側遮断器（252）	152　227（タイマ）	227（タイマ）/351/367	11	非常用発電機運転・停止	327（タイマ）/427（タイマ）/271X（タイマ）/272X（タイマ）/273X（タイマ）	327（タイマ）427（タイマ）／273X 272X 271X（タイマ タイマ タイマ）【重故障】
4	予備線側遮断器（152）	127／227（タイマ）252	127（タイマ）/351/367				
5	B棟送り出し遮断器（052）		051（タイマ）/067/327				
6	B棟受電遮断器（452）	DSが入っていること（インターロック）	427（タイマ）/451/327	12	発電機遮断器	84	重故障
7	第2変電室用遮断器（552）		551（タイマ）/567/427				
8	SC用遮断器（652）		651/427（タイマ）	13	A棟受電遮断器	27（タイマ）	27（タイマ）/67/51

- 完成図
- 施工図
- 機器取扱説明書
- 納入メーカーからの機器外形図および配線図
- 機器試験成績書
- 官公庁届出書の控え，許認可書
- 予備品および工具一式
- 保証書

5．竣工図書だけで管理できるか？

　竣工図書の内容については，**工事契約書**に定められますから，見積を依頼する時点で竣工図書の項目の中に記載する必要があります．しかし，管理側の立場としてはお決まりの竣工図書だけでは不足します．ここで，あれば**ベター**な図書をいくつかご紹介します．以下は，実際に筆者が**竣工引渡し**の流れの中で施工業者に要求して提出いただきました．

① 保護リレー整定計算書（『電気Q&A 電気設備のトラブル事例』のQ7および本書Q27，28参照）
② 受電および非常用発電機運転フローチャート
③ 遮断器インターロック[※3]条件表（**表51.2**）
④ 使用ランプ一覧表（**表51.3**）
⑤ 高圧需要家OCR保護協調カーブ（**図51.3**）

表 51.3　使用ランプ一覧表（例）

ランプの種類		品　名	品番	メーカー	数量
蛍光ランプFL	40 W	FLR 40S EX1M	FL 0402218	○○電工	586
〃	40 W	FLR 40S W NU1M	FL 040621	〃	43
〃	20 W	FLR 20S EX1M	FL 0201218	〃	365
〃	15 W	FL 15EX	FL 0150118	〃	7
〃	10 W	FL 10EX	FL 0100118	〃	24
白熱ランプIL	100 W	LW 100V 95W	LL 010109	○○電工	287
〃	60 W	LW 100V 57W	LL 006109	〃	57
〃	40 W	LW 100V 38W	LL 004109	〃	30
〃	40 W（建非）	LdS 100V 40WC	LL 004701	〃	224
〃	5 W	LL 000916		〃	8
ボールランプ	100 W	GW 100V 100W95	LL 010931	○○電工	170
〃	60 W	GW 100V 60W95	LL 006931	〃	14
〃	40 W	GW 100V 40W95	LL 004931	〃	5
ミニハロゲンランプ	500 W	JD 110V 500W/E	LR 050190	〃	88
〃	250 W	JD 110V 250W/E	LR 025190	〃	22
〃	150 W	JD 100V 150W/E	LR 015191	〃	94
〃	100 W	JD 100V 100W/E	LR 010191	〃	11
〃	60 W	JD 100V 75W/E	LR 007191	〃	16

⑥ 非常用発電機起動停止タイミングチャート実測（**図51.4**）

　ここで②，③は，これがないとかなりの時間を費やして**シーケンス**と・に・ら・め・っ・こ・しても理解に到達するのに労力を要します．

　また，**保護リレー整定**の根拠がないと引渡しを受けてから安心できませんので①，⑤も必要です．

　さらに④は，引渡しを受けたビルでは，どのよ

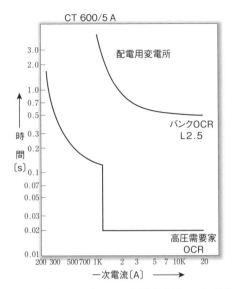

図 51.3　高圧需要家 OCR 保護協調カーブ（例）

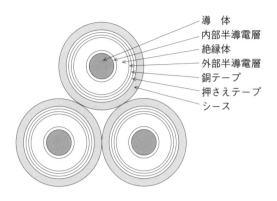

図 51.5　6 kV CVT ケーブル

うなランプをどのくらい使用しているかを把握することが要求されます．しかし，完成図から拾い出すには相当な労力が必要とされますので施工業者に表 51.3 のようなものを要求しました．

非常用発電機の起動停止タイミングチャートも現場の試運転調整時に実測してもらい，図 51.4 のように提出していただきました．これは引渡し後にメーカーあるいは施工業者が行う取扱い説明の時点でも要求すれば提出していただけます．

以上は，メンテナンスに携わる者にとって，のちのち役立つものですから必須な図書と考えます．

（注）※1　使用前自主検査：法定自主検査の 1 つ

で，工事計画の事前届出をして設置または変更する事業用電気工作物に対して，その使用の開始前に自主検査を行い，当該電気工作物が電気設備技術基準及びその解釈に適合していることと届出した工事計画どおりであるかを確認し，その実施と結果の記録が義務づけられている．同時に設置者による，この自主検査の実施に係る体制（ソフト面）について第三者が審査する「安全管理審査」を導入して，設置者の自主保安を補完している．現電気事業法では 1 万 V 以上の需要設備の新設工事が対象となっている．

※2　CVT ケーブル：CV ケーブルとは，架橋ポリエチレン絶縁ビニルシースケーブルのことで，さらに 3 芯ケーブルは，3 芯をより合わせ一括シースを施したものと，単心ケーブルを 3 個より合わせたトリプレックス形がある．この後者のものを CVT という（図 51.5）．最近は CVT ケーブルが多く使用されている．その理由は，地絡から短絡に移行しにくい，電流容量が多くとれるうえ価格も 3 芯ケーブルと比較して高くならない，等による．

※3　インターロック：構成機器相互の動作の制約関係，平たく言うと安全確認システム．例えば安全を確認したときに機械の運転に許可を与える信号を出力し，安全が確認できないときは許可出力を停止する．

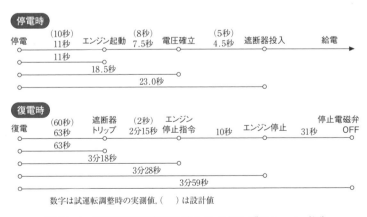

数字は試運転調整時の実測値, （　）は設計値

図 51.4　非常用発電機起動停止タイミングチャート（例）

Ⅱ部　経験編　竣工経験

127

竏工経験❷

52 電気設備の不具合事項は？

竣工引渡しの流れの中で**不具合事項**を見つけ出し，施工業者に**手直し**を求めて完全な状態にして引渡しを受けることが大切です．

竣工経験として，ビル電気設備の**不具合事項**を取り上げます．（一部，工事での不具合事項を含む）

電気設備工事の不具合事項の実例は？

1．引渡しを受けたビルは完全？

竣工引渡しの流れのうち各種検査や試運転調整の段階で，ある程度の**不具合事項**が発見され，手直しを求めて**引渡し**を受けることになります．

しかし，設計事務所，施工業者，施主の建設担当あるいは検査を行う官庁によって，ほぼ完全な状態でビルは管理側に引き渡されるでしょうか．ズバリ言います！　それは期待できません．

なぜって？　それは2005〜6年にかけて世間を騒がせた姉歯建築設計事務所の**耐震強度偽装問題**を思い出してください．

民間確認検査機関の最大手の日本ERI，自治体の建築主事だけでなく，元請けの設計事務所さえ**簡単な偽装**を見抜けなかったことでもわかります．

大ざっぱに表現すれば官庁検査や社内検査は，マニュアルに基づいた代表的項目のチェックに過ぎないのです．そのうえ電気を含む設備の不具合事項は，**検査**や短期間の**試運転調整**によって発見することが難しく，かつ図面審査も建築より大ざっぱですから管理側の引渡し中や引渡し直後の対応が大切になります．すなわち，引渡しを受けた

ビルには応々にして**不具合事項**が隠れていることがあります．

2．不具合事項の発見方法とタイミングは？

不具合事項の発見には，次の4つの方法があります．この4つの方法は，筆者が勝手に決めたものですから，実際にはこのうちの2つ以上の組合せによって見つけ出すことができるケースもあります．

1) **図面と現場の照合**によってわかったもの
2) **現場点検**によってわかったもの
3) **使用後**にわかったもの　機器やシステムの能力不足，あるいは利用者のクレーム等
4) **メンテナンス員の技量**によってわかったもの

しかし，この**不具合事項**の発見は，**タイミング**が重要視されます．理想を言えば**竣工引渡しの流れ**の中で発見できれば申し分ありませんが，この段階では単なる試運転調整なので営業運転のようにフル運転ではないため不具合の見つからないケースも出てきます．また，竣工引渡し後に**メンテナンス員が配置**されることもあり，この時期に不具合事項を見つけられない状況に置かれることもあります．ここで大切なことは，**不具合事項**の指摘は，いつでもというわけではなく**竣工引渡し後1年間**というのが通例です．これはたとえ**工事契約書**の中に定められていなくとも工事が民事上の契約ですから民法第637条に規定されています．

すなわち，施主（発注者）は，施工業者から引渡しを受けた設備に不完全な点（**瑕疵**[※1]）があれば相当な期間を定めてその手直しを請求できます．

これを施工業者（請負者）から見ると，**瑕疵担保責任**があるといいます．ただし，**瑕疵担保**[※2]の1年間は，**工事契約書**に記載があれば2年間，

あるいは2年以上とすることもできます。

3．不具合事項の手直しの依頼の方法は？

竣工引渡し後の**不具合事項**の指摘は，契約行為のためビル管理会社のメンテナンス員が発見しても施主から施工業者に依頼するのが原則です。しかし，施工業者の監督さんがその現場にいる段階で直接依頼した場合でも，責任者に報告しておきます。できるだけ**不具合事項**として書面で依頼し，控えをとっておきます。**瑕疵担保**は，施工業者側からみると費用がかかることもあるため逃げられることもあります。

4．不具合事項の実例は？

では，筆者の体験による**不具合事項**の実例のいくつかを上記2．に示した4つの方法ごとに以下紹介します。

1）**図面と現場の照合でわかったもの**
　①動力変圧器の負荷誤結線（**図 52.1**）
　②進相用コンデンサ付属品が，図面では放電コイルなのに放電抵抗内蔵のものを使用（『電気 Q&A 電気の基礎知識』の Q45 参照）

2）**現場点検でわかったもの**
　①進相用コンデンサの CT からうなり音
　②構内ハンドホールが冠水していた
　③エレベータ機械室の温度が 40℃以上になった
　④非常用発電機自動起動時に送排風機が連動運転する設計なのに運転しなかった

3）**使用後わかったもの**
　①けい光灯安定器からうなり音
　②進相用コンデンサ用開閉器が遠隔操作不可能
☆③高天井用照明の電球が交換できない
　④非常照明で停電時に点灯しないものがあった
　⑤非常用発電機室の照明が停電時に非常灯（白熱電球）40W 1個のみで暗かった
　⑥負荷への電源開閉器の誤結線（**図 52.2**）

4）**メンテナンス員の技量でわかったもの**
　①停電中に非常用発電機で非常用発電機用の制御用蓄電池が充電されない
☆②進相用コンデンサの保護方式に難点
　上記のうち☆以外は，施工業者の**瑕疵担保責任**として施工業者負担にて正規に改修していただきました。☆印は計画設計上の問題のため，竣工数年後に施主負担で改修しました。

（注）※1　瑕疵（かし）；物の不完全な点を指す法律上の特別の用語。工事請負契約では，ビルのような図面発注は施工のみ，工場のプラントのような性能発注は設計の瑕疵も要求される。

※2　担保（たんぽ）；保証すること。**瑕疵担保責任**とは，契約の目的物に隠れた欠陥があった場合，請負者等が負う担保責任のこと。

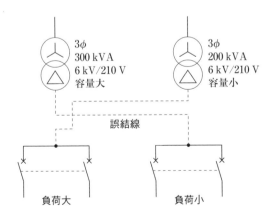

図 52.1　動力変圧器の負荷誤結線

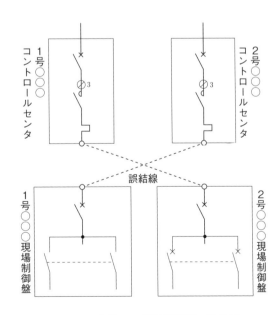

図 52.2　負荷への電源開閉器の誤結線

Q

53 空調給排水設備工事等の不具合事項は？

竣工経験❸

その他の不具合事項の実例を取り上げます。

竣工経験として，ビルの電気設備以外の空調・給排水設備，建築（以下「その他」という）の不具合事項の実例を取り上げます。

その他の不具合事項の実例は？

1. 引渡しを受けたビルには必ず不具合がある？

竣工経験2（電気設備不具合）で述べたのと同様，空調・給排水設備および建築も代表的なチェック項目の検査や短時間の試運転調整では発見できない不具合事項が必ずあると言いきっても過言ではありません。例えば空調・給排水設備のように年間を通じた運転をしなければシステムや機器の性能が確認できないこと，また初期の機器の偶発故障が発生することからも納得いくはずです。

また，設計主旨と違った使い方をして不具合が発生するケースもあります。これは，個々の機器についてはメーカーの取扱い説明書はあっても，「建築物や設備システムの設計主旨と使い方」といった竣工図書が大多数のビルにはないことに起因していると筆者は考えます。設計者や施工者だけが承知していても施主やテナント等の利用者，さらには管理担当者にまでその説明がなされていないか，このような図書がないから，竣工当初に説明を受けても人が代わればのちのちまで伝わらないのです。

2. 不具合事項の発見

私たちが不具合事項を発見するには，前テーマの電気設備とほぼ同様で以下の4つが考えられます。この4つの方法は，Q52でも述べましたがあくまでも筆者が勝手に決めたもので実際には，この2つ以上の組合せ，あるいは他にも方法があるかもしれません。

1）**使用後わかったもの**　機器やシステムの性能が発揮されないもの（能力不足），平たくいうと設計ミス，あるいは利用者からのクレーム

2）**設計主旨と違った使い方をしたもの**

3）**現場点検によってわかったもの**　日常のメンテナンスや定期点検によって発見されたもの

4）**メンテナンス員の技量**によって発見されたもの

これらの発見は，竣工引渡し中の試運転調整の段階でわからなければ竣工引渡し後のできるだけ早い時期が望ましいわけですが，遅くても前頁で述べたように瑕疵担保の期間中に指摘できるようにしたいものです。

3. 不具合事項の実例は？

それでは筆者の経験による不具合事項の実例のいくつかを上記2. で示した4つの方法それぞれについて順次，紹介します。

1）使用後わかったもの

空調・給排水

① 厨房の送排風機音が周辺地域まで高音で広がりクレームとなった（引渡し直後から発生したため，業者負担にてサイレンサーBOXを設置して解決した）

② 電算室の空調不良（給排気がショートパスを起こしていたことが原因，更新時に改良した）

③ ヒートポンプチラーの冷媒配管が竣工数年後からガス漏れを起こし修繕費が多くかかった。（メーカーと交渉しクレーム処理を要求したが

1/3 施主負担で全分解し熱交換器，配管等を交換した，**写真 53.1**)

建築

① ロビーや出入口付近の**大きな透明ガラス**に野鳥が激突してショック死したり，利用者・勤務者までが衝突してガラスが破損した（施主側にて目の高さの位置よりやや下にカラーの丸シールを貼って解決した）

② ビルの地下駐車場が1面開放構造のため，風の影響で**出入口ドアチェック**がすぐ故障し，強風時の通行の度にドアの開閉によって利用者に危険が及ぶおそれがあった．（竣工後数年経過していたので施主負担で出入口の前に風防板を設置して解決．また，安全を優先しドアノブの開閉から取手方式に改良した．**写真 53.2**)

2）設計主旨と違った使い方によるもの

建築

① **ロビーの用途に設計**されたスペースが事務室となったため空調に不満．特に冬の暖房時に扉開閉により外気が入り寒さを感じた．（解決策なし）

② 1F〜2Fの**らせん階段**の側面が金属製の柵のため**すき間**が多く，子供の転落事故の危険が出てきた（設計では利用者に子供，特に幼児を想定していなかった．現在，利用禁止の状態となり，無駄な投資となった）．

3）現場点検によってわかったもの

空調・給排水

① **エレベーター機械室の温度**が夏に 40 ℃以上

となった．（竣工1年以内に発見したため業者負担にて給排気をガラリ構造とし解決した）
「電気 Q&A 電気設備のトラブル事例 Q47-3」参照

② **ファンコイルドレン配管不良**のためドレンパンから水が溢れる．（業者負担にて正規な配管工事を行った）

③ **排水槽清掃**時に木片や猫の死がいが出てきた．（屋外駐車場側溝から雨水がそのまま排水槽に流入したので施主負担で要所に**取り外し可能なステンレス網のフィルター**を設置して解決した）

④ 非常用発電機冷却水配管，屋内消火栓サクションの**配管肉厚が薄く**なっていた．（異種金属接触腐食が原因，対策は電気防食．詳細はQ5・コラム1，「電気 Q&A 電気のトラブル事例 Q46」を参照されたい）

建築

アルミ避雷針ポールのベースプレートとリブ溶接部亀裂（ポールの共振によるものと判定され，業者負担にてポールに錘を取り付けて解決した）

4）メンテナンス員の技量によるもの

① **排水ポンプの空運転**が多かった．（屋外に電極棒があるため電極保持器が水につかり，水抜き穴がなかったため雨が降る度にポンプが回りっぱなし．電極棒BOXに水抜き穴をあけて解決した）

② 天井内チャンバーBOX収納の**厨房排風機点検不能**だった（点検清掃可能なように天井内に**足場を取り付け**たうえ，チャンバーBOXに**点検口を取り付け**てメンテナンスを可能にした．施主負担）

写真 53.1　ヒートポンプチラーを全分解した様子

写真 53.2　取手方式に改良した扉

Ⅱ部 経験編 竣工経験

54 竣工引渡し後にやるべきことは？

　不具合事項の指摘は，**瑕疵担保期間**内に行うことが重要であることがわかりました．ここでは，竣工経験として，**スタートが肝心**であることをお伝えします．

> 竣工引渡し後は，何をしたらよいか？

1．まず保安規程があるか？

　電気設備の日常点検や定期点検の内容は，電気工作物の**保安規程**※1（以下「保安規程」という）に定められた点検項目や基準に基づくものでなければなりません．ややもすると，点検はしていてもこの**保安規程**と遊離している事業所があります．

　それどころかメンテナンス員の常駐している部屋に**保安規程**がなく，その存在すら知らないといったお粗末な事業所も見受けられます．したがって，初めてビルや工場に勤務したら，まず**保安規程**の有無とその内容を確認してください．

2．報告書の整備は？

　次に保安規程に基づく点検基準によって日常点

検や定期点検の**報告書**を整備すれば，これがイコール，**チェックシート**になります．

　さらには，このデータの蓄積が事業所の財産となり，不具合が発生したときの判定基準になりますから竣工直後に**報告書**の整備が必要です．

　また，日誌等を含む**報告書**の整備は，のちのちの管理の良否に大きく影響しますから，**スタートが肝心**なことがわかります．

3．不具合の記録はスタート時から？

　不具合事項の解決は，竣工引渡しの流れの中，あるいは引渡し後1年以内であれば瑕疵担保期間内であり，施工業者負担で行うために非常に重要です．

　そのためには，ビルに限らず工場でも管理側のスタッフに高い技術力が求められます．また，この時点での**不具合事項の指摘およびその解決策**（処置）の記録ものちのちの管理に非常に役立ちます．

　さらに，この瑕疵担保期間が過ぎてから発生した不具合とその処置は，日誌等を含む報告書に記録しますが時間の経過とともに日誌等は処分されます．したがって，**不具合とその処置**については，**表54.1**のような様式でビルあるいは工場が寿命を迎えるまで保存すると**不具合事項のトレンド分**

表 54.1　電気設備故障原因処置記録（記入例）

年　月	区分	設備名	故障内容	原因	処置	備考
○○○	A棟	消火栓	消火用水槽（屋上）減水	電極棒に水垢がついて導通せず，断線状態	電極棒を清掃してOK	
○○○	B棟	電灯	分電盤MCCBトリップ	定格50 AのところT相のみに56 Aと流れすぎ（N相28 A）	配線替えして負荷のアンバランスをなくすようにして最大47Aにした	
○○○	A棟	排水設備	○○○水槽が満水でもないのに満水警報	槽内端子ボックスに汚水が入り動作した	槽内端子ボックスを清掃してOK	業者にて端子ボックスを改修して地上に設置した
○○○	B棟	排水設備	1，2号排水ポンプ過電流	単相運転	接点欠相のためマグネットスイッチ交換	

析に役立ちます．筆者が作成した表54.1は，お勧めです．まず見開きのノート2ページいっぱいに表項目を記載したものを作成し，不具合発生ごとに記録していきます．なお，表54.1をどのように役立てるかはQ57で触れます．

4．カルテを作ろう！

人は病気になって医者にかかると，医者の問診に始まって各種検査があって治療を受けます．

その時の問診，検査および薬の投与を含む治療の記録が**カルテ**です．

これと同じように電気設備も各機器ごとに，生まれたとき（竣工引渡し中）からの不具合，すなわち故障内容，原因およびその処置，さらには人間ドックに相当する定期点検時のデータが1枚の用紙に記載されていて，一目でわかればこんなに便利なものはありません．これが**カルテ**なんです．

筆者の作った**カルテ**（設備管理台帳）を**表54.2**に示しました．なお，修理にかかった費用もその都度，記入しておくとなおベターです．

この**カルテ**があると，以下のようなメリットがあります．

①ビルあるいは工場が建設されてから解体されるまで同一人物によって管理されることはまれです．世間には，退職，昇任あるいは人事異動がありますから，人が代わると数多くある機器ごとの履歴を引継ぐことは至難の技です．ここで役立つのが**カルテ**で，これを見れば一目瞭然なうえ，引継ぐ人も記録を継続することで，この目的は達せられます．

②カルテには費用も記載されているため**部品の交換**，設備の更新時期等の判断に役立ちます．

③上記のほか，施主や上司に**予算要求**する際の重要なバックデータにも活用できます．

したがって，カルテ（**設備管理台帳**）もスタート時の作成，記録が重要で，**スタートが肝心**というわけです．

（注）

※1　**保安規程**；電気事業法により電気保安を確保するために必要な具体的事項を定めたもので，主任技術者の選任とともに自家用電気工作物の自主保安体制を支える2本柱である．なお，監督官庁に届出して受理されて効力があるとされる．

表54.2　設備管理台帳

設備管理台帳　　　　　　　　　　　　　　　　　　　　　　　　　　平成　年　月　日

整理No.		設備名		設置場所	
施設名		型式		容量	
設備区分	電気・空調・衛生・その他	製造者名		製造年月日 / 製造番号	

事故記録					その他				
年月日	修理者	修理内容	金額	確認	年月日	修理者	修理内容	金額	確認
・　・					・　・				
・　・					・　・				
・　・					・　・				
・　・					・　・				
・　・					・　・				
・　・					・　・				
・　・					・　・				
・　・					・　・				
・　・					・　・				
・　・					・　・				
・　・					・　・				
・　・					・　・				
・　・					・　・				
・　・					・　・				

55 メンテナンスを考慮した設計とは？

　メンテナンスを考慮した設計のビル，しかも自分の意見が設計に反映されたビルを管理できることは，メンテナンスに携わる者の願いであり，永遠のテーマではないでしょうか．

　同一敷地内に後から用途の違うビル（以下「B棟」という）の建設計画が決定し，既設ビル（以下「A棟」という）の主任技術者だった筆者に，この建設計画に参考意見という形ですが，提案できるチャンスが訪れました（図55.1）．あれから35年近い歳月が流れ，一部の記録しか残っていない中，当時の記憶をたどりながら筆者の経験した「建設計画への提案」をここに掲載します．

　このことは住宅にたとえると，完成した建売住宅を購入する場合は自分の意見が設計に反映されませんが，更地に住宅を建てるときは予算の枠はあるにしても自分の意見が設計に反映されます．

　しかし，かなりの知識や勉強が必要とされます．

> メンテナンスを考慮した建設計画への提案の実例は？

A 55

1．建設計画への提案はどうすればできるか？

　住宅にたとえると，建売住宅では間取りさえ良ければ購入してしまう人が多いことはサプライズです！　やはり，住まいは人が住むのですから機能性，利便性，快適さ，それに安全・安心が求められます．したがって，建設計画への提案をするためには，筆者は次のコンセプトが必要と考えました．

① ビルの不具合事項は，ほかのビルにもあり，新設ビルでも繰り返される．

② メンテナンスを経験したビルの良かった点は，積極的に提案する．

③ メンテナンス未経験の用途が違うビルに対しては，見学のチャンスを作り，メンテナンスに携わる人から不具合を尋ねて参考にする（写真55.1）．

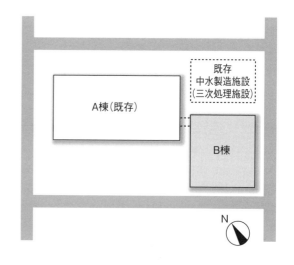

図55.1　増設計画の概要

写真55.1　他の施設の見学

④ 住宅を建てる人は，メーカーの住宅設備機器ショールームが必見です．また，設計者も足を運ぶ電設工業展や制御機器展のような**新しい機器やシステム**を目で見て勉強する．

⑤ 「設備と管理」，「新電気」，「電気と工事」（オーム社刊）のような**雑誌**で建設計画予定の**類似用途のビルに関連する記事**を参考にしたり，システム等の**技術解説記事**を読んで勉強する．

2．建設計画への提案の実例は？

では，筆者が体験した建設計画への提案の実例のいくつかを紹介します．

1）**天井の高い場所にある照明器具**を天井裏から安全に点検でき，かつ，電球や器具の交換が可能なように**キャットウォーク**を設けることを主張して受け入れられました（**写真55.2**）．

これは，1．①，③の実例で高天井の電球を換えるには安全に作業できないため建設後に高い費用をかけて改修した経験もあります．キャットウォークのほか，**電動式昇降装置付き照明器具**も天井の高い吹抜けのある場所に採用しました．

2）既存の中水製造施設による**中水**は，増設するB棟でも利用すること．せっかくA棟では，便所の洗浄水に中水を利用して**水のリサイクル**を行っていながらB棟増設の基本設計では中水利用になっていなかったため，当初の設計主旨を説明して受け入れられました（1．②の例）．これは設計者の仕事ですが見落とされていました．

3）**自動力率調整装置**付きの進相コンデンサを設置すること．⑤の例でメーカーの技術資料から高頻度開閉の進相コンデンサには**放電コイル**が必要なことを勉強しました（Q23参照）．

4）地下に設置される中央監視室の機械室に接する部分の上半分は，**網入りガラス**とする．これは，機械室に人の侵入があってもわからないのと，メンテナンス員の安全安心，快適性のために網入りガラスを提案し，受け入れられました．

5）トイレは，**非常用発電機でも点灯する照明**とすること．長時間停電でもトイレが利用できるように①でローソクまで利用したことを聞き，提案し，受け入れられました．

6）変圧器は，すべて**モールド変圧器**とすること．増設するB棟は，不特定多数の人が集まるホールで**防災上**，油入変圧器は火災のおそれがあるため**不燃性**を考慮して提案しました．しかし，コスト高のためホールに近い地上階に設置される照明変圧器のみの採用となり，地下のものは油入変圧器となりました．

7）見学から学んだことは，管理のよいビルの現場には単線スケルトンや配線系統図（以下「スケルトン」という）が掲示されてました．したがって，1．③より**スケルトンを表示**するよう提案し受け入れられました（**写真55.3**）．

最後に**建設計画への提案**を通して学んだことは，建設費に**予算の枠**があり，コストを考えた設計が要求されることでした．

写真 55.2 キャットウォーク

写真 55.3 現場に表示されるスケルトン

Q 56 理想の建設計画への提案とは？

建設計画提案の2番目として，具体的にどのようなビルか示されない場合の建設計画提案を紹介させていただきます．いわば最大公約数，すなわちメンテナンスに従事している場合に，どのような提案をしたらよいかの具体例を紹介します．

理想の建設計画への提案は？

A 56

1．提案は設計者を尊重したうえで．

ビル管理に従事していて，これから建設されるビルの計画に提案できる機会は滅多にあるものではありません．施主の管理担当だけでなく，親会社のビルを管理する立場にいれば，このように提案できるチャンスは巡ってくることも考えられます．しかし，ビル管理会社の方も提案のチャンスはなくても，建設計画のあるビルがあったらどのような提案をするかを考えることは，これからのメンテナンスに参考になることが多いはずです．

では，提案するにはどのようなことに気を付けたらよいかを説明しましょう．

まずほかのビルを見学するとよく理解できます．質問はしても非難や批評をすることはタブーであることは自分を逆の立場に置き換えればすぐわかります．すなわち，見学するビルや設計者を非難したり批評したりしないことが前提です．その次には以下の点を踏まえて提案をしてください．

・メンテナンスに支障が生じるものへの対策を提案する．

・提案はコストを考慮したものであること．

・設計者の盲点，たとえば安全を配慮したものであること．

2．電気を含め設備に共通な提案とは？

1）メンテナンスに支障が生じることに対する提案

・保守点検できるスペースを確保すること（**写真 56.1**）．

・搬入・搬出口が確保されていること（**写真 56.2**）．

・メンテナンスに従事できる監視室があり，近くに水栓，トイレがあること．

・最低限の計測器，すなわち，テスタ，クランプメータ，絶縁抵抗計が備わっていること．

・メンテナンスに必要な図書が整備されていること．また，図書が正確であること．特に施工中に変更になったものが図面に反映されていること．

・水槽には点検のためのタラップがあること．

・照明器具の電球は交換可能であることを前提に設置されていること．

・管理するには消耗品が欠かせない．この消耗

写真 56.1 保守点検できるスペース

品を手配するのに図面，取扱い説明書では調査に時間がかかるので品名，型番，製造者，姿図の入った消耗品リストの提出を要求すること（例Q51の表51.3参照）．

以上の提案は，あくまでも一例を示したに過ぎません．ほかにもあります．この中で，「監視室があること」は常識のように思いますが，筆者は監視室がなく，ボイラーのある機械室に長机を置いてビル管理をしている事業所を数多く見てきました．まさか新しいビルには，このような事例はないと思いますが．

また，筆者が建設計画への提案ができた施設以外では，なんと清掃員控室を設けずに清掃業務を委託しているお粗末な建物もありました（設計者が管理を全く知らない）．

２）提案はコストを考慮したものであること

私たちが建設計画に提案できる場合でも建設費がアップしては施主は受け入れません．したがって，メンテナンスに支障が生ずるとしてもただやみくもに提案できません．常にコスト意識を持ってメンテナンスに従事しなければなりません．また，設計者に歩み寄ること，すなわち妥協も必要です．

３）設計者の盲点（安全配慮）

遠い昔のようですが姉歯建設設計事務所に代表される耐震強度偽装は，コストを重視した結果の構造設計を無視したもの，すなわち安全意識に欠けていたものでした．一部とはいえ，建築だけでなく，電気を含めた設備設計者にも安全意識の薄

い技術者がいるということは盲点です．

エレベータの開閉事故やエスカレータの足指切断事故，さらには回転ドア事故も安全を軽視した結果です．

したがって，設計者の盲点，すなわち安全を確保するための提案例を以下に示します．

- 自動扉が閉まるときには，原理の違うセンサを２種類取り付け，そのAND回路によって開閉すれば安全は確保できます．
- 電気設備工事以外のヒートポンプチラーや冷温水発生機のように機械に付帯される制御盤にはコストダウンのため配線用遮断器等開閉器がないことがあるので要注意！ これでは安全安心は保てません（**写真56.3**）．
- コンセント回路は，コストダウンのため数多くのコンセントを同一回路とする傾向にあり，過負荷のためブレーカトリップするので要注意です．

４）設計者に「建築物や設備システムの設計主旨と使い方」を依頼します．

この中には，竣工後ビル利用者がフロアに重量物を設置する場合の床荷重も明示されているか確認することが重要です．

写真56.2　搬入搬出ルートの確保

写真56.3　安心作業するメーカーサービス員
（竣工時には上部のMCCB２台未取付）

Ⅱ部 経験編 提案

HOW TO ❶

57 メンテナンスに携わる者の心構えは？

経験編のまとめとしてビルや工場で働く電気設備のメンテナンス員は，どのような**心構え**で仕事に取り組めばいいのか．そんな**ノウハウ**を筆者の体験を通してお送りします．

どのようなスタンスでメンテナンスをしたらよいか？

誰しも取得できる休暇以外には，休まず遅れず職場に出勤するのがあたり前です．また，日常業務を真面目に勤務することも当然です．

では，電気設備のメンテナンスに従事する技術者として**電気がおもしろく，現場の電気がわかる**ようになるにはどうしたらいいでしょうか．

筆者は体験から，他人と同じことをしていては他人以下の人間にしかなれないと考え，次の**2つ**を実践することをお勧めします．

1．故障原因処置記録を活かす！

Q54で解説しましたが，まず日常の故障原因処置記録（以下「故障記録」という）の積み重ねの実践です．

ここで，この記録を表54.1（Q54）のように整理し，自分が携わった**不具合解決の記録**だけでなく，他人の不具合解決の情報も得て，これを自分のものとして記録します．

次にある時期に表54.1のデータを**事故原因別**に集計して例えば**表57.1**のように整理します．そして，この表から**図57.1**のような**事故原因内訳の円グラフ**を作成すると**事故原因**が一目でわかります．

すなわち，長年の故障記録のデータから事故原因だけでなく，**図57.2**，**図57.3**のように**事故現象，故障部品のトレンド**がわかり，メンテナンス業務に活かすことができます．ここに示したのは，一例に過ぎませんから，ほかにも機器別故障，設備別故障，施設別故障等もわかるようになります．

また，この**故障記録**から同じような故障が短期間に繰り返されると抜本的な問題点を疑います．

実際，『電気Q&A 電気設備のトラブル事例』で解説してきたように故障の綿密な調査により原因を探し，対策を施すことによって故障が激減しました（トラブル事例編 Q 4，12，28，32，34）．

表57.1　故障事故原因別内訳

故障原因	経年環境劣化	169
	保守・点検不良	39
	設計欠陥	25
	工事施工欠陥	41
	操作ミス	33
	製作欠陥	29
	外乱　ほか	16
	合　計	352

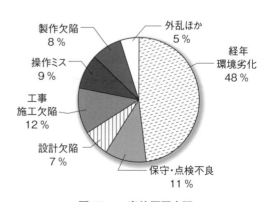

図57.1　事故原因内訳

このように**故障記録**は，施設の事故防止に大きな役割を果たしています．

2．疑問の解決が自分を高める！

日常業務や故障原因処置を進める中で**疑問点**や**解決への糸口**が見つからないケースが多々出てきます．これをわからないまま放置すると時の経過とともに忘れ去り，わからないことがどんどん山積みにされていきます．

このとき，大切なことは**疑問点**や**解決に至らない事項**をノートに書き留めておきます．これもQ54で解説した**故障記録**のときと同様，見開きのノート2ページの左側に疑問点や解決に至らない事項を書き，解決策がわかった時点で，このノートの右側に書きます．これを10年以上継続したあなたは，もう先生です．このとき，重要なことは，このノートは，高価なノートを使うこと．こ

うすることによって**疑問点**や**解決策**もこの高価なノートにふさわしいことを書くようになるからです．筆者は，当初は1冊千円くらいのノートから始め，1冊2千円近いノートを使用することもありました．

誰もこんなことは教えてくれませんから，筆者が始めたのは40歳を少し過ぎてからでした．

では，どのようなケースの疑問点があるかというと次の3つに分けられます．

> 1）雑誌や書籍に出てくる目新しい用語やわからない言いまわし
> 2）故障原因処置の中で納得のいかない疑問点
> 3）日常業務，例えば打合せの中で出てきた自分の知らない用語

以上のことが筆者の「電気Q&A」の出発点です．このノートから得た電気の常識のいくつかを紹介します．あなたは，いくつわかりますか．

> Q1 進相用コンデンサ容量の単位は，〔kvar〕であるが，電力会社は〔kVA〕を使用している．本当？
> Q2 三相誘導電動機の容量が37〔kW〕以下なら50〔Hz〕，60〔Hz〕共用である．本当？
> Q3 電流って皮相電流のこと？これ本当？
> Q4 遮断器の遮断性能を規定する定格は，定格遮断電流を用いるから〔kA〕であり，〔kVA〕は使用していない．本当？
> Q5 HIDランプの放電は，ランプ抵抗が変化する．始動時の抵抗は小さく，安定時は大きい．本当？
> Q6 誘導電動機にインバータを使用すると，回転数制御を行うから省エネルギーになる．本当？ また，インバータは，電動機の磁束をほぼ一定にするから，トルクを一定にできる．本当？
> Q7 発電機の進相運転は，系統電圧を下げる．これ本当？

（Q1～7 すべて正しいので本当です）

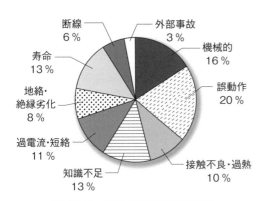

図57.2 故障の事故現象別内訳

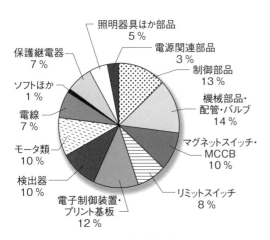

図57.3 故障部品内訳

HOW TO ❷

58 電気設備の安全管理とは？

　電気事業法は，主として電気設備というハードの保安に主眼を置いているのに対し，働く人に立った安全というソフトは，**労働安全衛生法**に基づく**労働安全衛生規則**の中に定められています．

　ここでは，私たち働く人の安全をテーマに生涯，電気災害に遭わないための**ノウハウ**を紹介します．

> 電気設備の安全を図るには？

1．電気の常識・非常識を知る！

1）**テスタ**は，高圧には使えない．

2）**断路器**は，負荷電流を遮断できない．

3）**計器用変流器(CT)**の二次側端子は**開放**してはならないが**計器用変圧器(VT)**の二次側端子の開放は OK である．逆に**短絡**することは，CT は OK，VT はノーである（『電気 Q&A 電気の基礎知識』Q26）．

4）**高調波**を含むと電流が増加する（Q8，『電気 Q&A 電気の基礎知識』の Q30）．

5）進相コンデンサの付属品の**放電抵抗**は内蔵品であり，**放電コイル**は別置になる．これを知らない人が多過ぎる！（『電気 Q&A 電気の基礎知識』の Q45）．

6）制御盤では，中の MCCB すべてを遮断しても**充電**されていることがある！（『電気 Q&A 電気設備のトラブル事例』の Q6）．

7）**モールド変圧器**は，課電中だけでなく運転直後もモールド樹脂表面に触れてはならない（Q19，図 58.1）．

8）モールド変圧器，進相コンデンサ，ケーブル

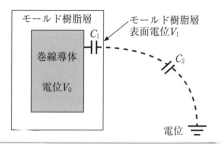

モールド樹脂層表面の電位 V_1 は，
$$V_1 = V_0 \times \frac{C_1}{C_1 + C_2}$$
ただし，V_0；巻線導体電位
　　　　C_1；巻線導体とモールド樹脂層表面の等価静電容量
　　　　C_2；モールド樹脂層表面と大地間の等価静電容量
一般に $C_1 \gg C_2$ であり，$V_1 \sim V_0$（6 kV で対地電圧 3.8 kV）となるため，**モールド樹脂層表面は危険！**

図 58.1　モールド変圧器課電中の表面電位

には，運転直後に触れてはならない（後述）．

9）定期点検における高圧機器の**絶縁耐力試験**の**試験電圧**は，竣工試験時の電圧では絶縁物の劣化を促進させることになるので，**最大使用電圧**[1] **以下**で実施すること（直流で実施するのが無難）．

10）低圧の絶縁抵抗測定値が 0〔MΩ〕のときは，回路が**充電**されていることを疑え！

2．安全衛生教育

　労働安全衛生法第 58 条では，労働者を雇い入れたとき，作業内容を変更したとき，また高圧若しくは特高または低圧の点検等危険有害な業務に従事している者に安全衛生教育を実施することを定めています．

1）新規採用者に対する安全衛生教育

2）作業内容変更時等の安全衛生教育

以上, 労働安全衛生規則（以下「規則」という）第35条

3）**特別教育** ビルでも工場でも電気設備の点検に従事する者には, 規則第36条によりあらかじめ特別教育を実施することが定められています.

なお, **特別教育**の細目は**安全衛生特別教育規程**に詳細に定められていますが, 上記1）, 2）の者と同様, すでに十分な知識, 技能を有していると認められる者については, 科目の一部または全部を省略できるとされているが電気工事士等は該当しない.（コラム⑨特別教育参照）

3. 安全確保のため法で定められていることは？

1）日常の危険防止

① 囲い等の設置

電気機械器具の充電部分で, 作業中または通行中に接触し, または接近することにより**感電の危険**があるものについては, 囲い, 絶縁覆いを設ける（規則第329条）.

② 配線等の防護

作業中または通行中に接触するおそれのある配線, 移動電線については, 絶縁被覆が損傷し, または老化していることによる**感電の危険**を防止する措置を講じる（規則第336条）.

③ 機械設備

回転する機械が多いとき, 労働者が**はさまれたり**, **巻き込まれたり**する危険が多い. このため, 危険防止として覆い, 囲い等を設ける（規則第101条）. このほか, 非常の場合に直ちにコンベヤーの運転を停止できる**非常停止装置**の設置が義務づけられている（規則第151条の78）.

④ 脚立・梯子からの墜落・転落防止

脚立・梯子は, 電球の交換等一時的な高所作業, または高所への昇降用として使用され, これから墜落・転落して死亡する例も少なくない. このため, 脚立・梯子は使用する前に点検することが重要であり, その他は規則に定められている（規則第527, 528条）.

2）停電作業では

高圧または特高の受電設備を停電して保守点検するときの**感電防止対策**は, 規則第339条で以下

のことが定められています.

① 開閉器に作業中の**通電禁止札**, **施錠**を行うか, **監視人**を置く.

② コンデンサ, ケーブル等を含む電路の場合, **残留電荷**を放電させる.

③ 高圧または特高の場合には, 検電器で停電を確認し, **短絡接地器具**で短絡接地を行う. また, 作業終了後に通電しようとするときは, 労働者に感電の危険のないこと, **短絡接地器具**を取り外した後に行う（**図58.2**, **写真58.1**）.

なお, **短絡接地器具**を取り付けるには, まず先に接地側を取り付けてから, 電路側を短絡する.

取り外すときは, 逆の手順で先に電路側を外してから接地側を外す.

④ 高圧または特高の電路の**断路器**等を開路す

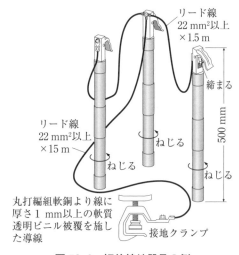

リード線
22 mm²以上
×1.5 m

締まる

リード線
22 mm²以上
×15 m

ねじる

ねじる

ねじる

500 mm

丸打編組軟銅より線に厚さ1 mm以上の軟質透明ビニル被覆を施した導線

接地クランプ

図58.2 短絡接地器具の例
（希望電機工業社のカタログより）

（矢印は鎖錠装置付断路器）

写真58.1 上部が短絡接地器具

るときには，**無負荷**であることを確認する（規則第340条）．なお，写真58.1の矢印は緊錠装置付断路器を示し，**図58.3**は開放型高圧受電設備で，操作する人が無負荷であることを確認する必要があります．

3）安全に作業を進めるためには，**ヒューマンエラー**[※2]等も考慮して適正な作業方法を確立する必要があります．そのためには，設計・施工段階等竣工引渡し前の安全対策も大切ですが竣工引渡し後，すなわち運用における以下の安全管理がより重要となります．

① 安全作業マニュアルの作成

② 安全作業のためのチェックシートの作成

③ 安全教育訓練の繰返し

不幸にして労働災害が発生すると労働基準監督署の立入りがあって原因対策が求められ，必ず上記①～③の確認，それに**リスクアセスメント**[※3]の実施が求められます．

（注）※1 **最大使用電圧**；普通の運転状態で加わる回路の線間電圧の最大値

$$\left(公称電圧 \times \frac{1.15}{1.1}\right)$$

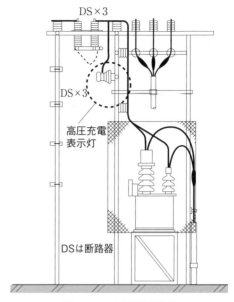

図58.3 高圧受電設備

高圧 6.6 kV なら $6.6 \times \dfrac{1.15}{1.1} = 6.9$ kV

※2 **ヒューマンエラー**；人間のミス．

※3 **リスクアセスメント**；危険性または有害性等の調査．

問題58.1 電気設備の改修工事において，通電中における変流器とこれに接続する計器類の取扱いに関する記述として，正しいのは次のうちどれか．

（1）変流器の二次側端子を短絡し，次に電流計を他の電流計に取り換え，短絡した箇所を外した．

（2）変流器の二次側端子を短絡し，次に電流計を電圧計に取り換え，短絡した箇所を外した．

（3）変流器の二次側端子を短絡しないで，電流計を他の電流計に取り換えた．

（4）変流器の二次側端子間に高抵抗器を接続し，次に電流計を他の電流計に取り換え，高抵抗器を外した．

（5）変流器の二次側に接続された電流計を取り外し，二次側端子を開放した．

問題58.2 図は，高圧受電設備の単線結線図の一部である．

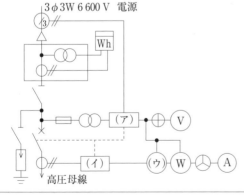

(参考) 計器用変成器等の新旧図記号の対比表

新図記号	旧図記号

図の空白箇所（ア），（イ）および（ウ）に設置する機器又は計器として，正しいものを組み合わせたのは次のうちどれか．

	（ア）	（イ）	（ウ）
（1）	地絡継電器	過電圧継電器	周波数計
（2）	過電圧継電器	過電流継電器	周波数計
（3）	過電流継電器	地絡継電器	周波数計
（4）	過電流継電器	地絡継電器	力率計
（5）	地絡継電器	過電流継電器	力率計

〔ヒント〕1－『電気Q&A 電気の基礎知識』のQ26，Q34，2－同，Q33

〔正解〕1－1，2－5

"安全管理の責任は！？"

筆者のひとりごと②

最近，危機管理とかリスク[※1]，ハザード[※2]，リスクアセスメント[※3]，リスクマネジメント[※4]，リスクコミュニケーション等といった用語がマスコミに大きく取り上げられ，わが国も昔のような治安は期待できず，より**安全安心**が求められています．

また，従来から警備といえば，国の防衛＝自衛隊のイメージでしたが，昨今ではテロや多発する非道な犯罪の警戒のため空港や企業の警備が一段と強化され，**安全安心**に投資が必要な世の中へと変せんしています．さらには，従来は安心だった学校や企業も有人警備や機械警備が徐々に導入され，**自己防衛**が必要になってきました．

では，ビルや工場で働く私たち**職場の安全**は，どうでしょうか．入口＝出入口では，警備されても私たち職場は，中に入ると回転機（巻き込まれ）や電気（感電）という**リスク**にさらされています．

以下，著者が20年間近く労働安全衛生に携わってきた経験から，日常的に**安全を確保する**にはどうしたらよいかと**安全管理に大切なこと**の三点，労働災害が発生したときの**安全管理の責任**，最後に労働災害防止のための所感について述べます．

1．日常的な安全確保をするには？

事業者には，**安全配慮義務**があり，そのために次の3つの**労働災害危険防止措置**の実施が必要です．

①　**物的な安全措置**：具体的にいえば設備・

写真A　労働災害発生後の回転機安全措置（覆い）

機械器具・通路等の安全性の確保です．例えば，巻き込まれの危険の多い回転機には，覆いや囲い（**写真A**）を設け，非常停止装置を取り付けます．

②　**安全作業の励行**：安全作業標準，作業マニュアルの作成とその定着化を行います．

③　**安全教育訓練の繰返し**

2．安全管理の責任は？

上記の**安全配慮義務**の責任は，事業者＝代表者にありますが実際には権限が分配されていて，上記1の**実行行為者**は現場責任者等が含まれています．

よって，労働安全衛生法第122条で**労働災害危険防止措置**を実際に行わないと，労働災害が発生すれば現場の係長，主任クラスでも責任を問われることがあります．したがって，あなたも何人かの部下をもつリーダーであれば安全管理の知識は必要不可欠です．

3．コミュニケーション

しかし，いくら労働災害防止のため**安全配慮義務**である物的，人的な安全管理を実施しても職場の**コミュニケーション**のないところは，労働災害のリスクが大きいと考えます．実際，著者は**コミュニケーション**のよくない現場の労働災害をいくつか見てきました．職場は，まず朝の挨拶から始まり，各自不機嫌さを人前で見せないことです．（何と朝は不機嫌の人が多いことか）

職場は，役者の舞台と同じです．風通しのよ・・・い職場では労働災害発生の確率は低くなるのではないでしょうか．

（注）

※1　**リスク**；危険性．

※2　**ハザード**；危険有害要因．

※3　**リスクアセスメント**；リスクの分析・評価

※4　**リスクマネジメント**；リスクアセスメントを含み，リスク対策まで行うこと．

問題で確認⑥　安全

問題⑥-1

　電気による危険の防止に関する記述として，「労働安全衛生法」上，**誤っているもの**はどれか.

1. 電気機械器具の充電部分に感電を防止するために設ける囲いおよび絶縁覆いは，毎月1回損傷の有無を点検した.
2. 高圧電路の停電を確認するために使用する検電器具は，その日の使用を開始する前に検電性能を点検した.
3. 高圧活線作業に使用する絶縁用防具は，その日の使用を開始する前に損傷の有無および乾燥状態を点検した.
4. 常時使用する対地電圧が150Vを超える移動式の電動機械器具を使用する電路の感電防止用漏電しゃ断装置は，毎月1回作動状態を点検した.

（H29　1級電気工事施工管理技術検定試験問題）

解説・解答

　労働安全衛生規則 第2編安全基準 第5章電気による危険防止 第5節管理のうち，電気機械器具等の点検に関する第352条の「使用前点検等」，第353条の「囲い等の点検等」からの出題です.

〔参考〕　Q58

　第353条の囲いおよび絶縁覆いは，毎月1回以上損傷の有無について，第352条の検電器具，絶縁用防具，感電防止用漏電しゃ断装置は，使用を開始するときは，その日の使用を開始する前に点検が義務づけられている. →(4)が誤りであることがわかります.

〔解答〕　(4)

問題⑥-2

　停電作業を行う場合の措置として，「労働安全衛生法」上，**誤っているもの**はどれか.

1. 電路が無負荷であることを確認したのち，高圧の電路の断路器を開路した.
2. 開路した電路に電力コンデンサが接続されていたので，残留電荷を放電させた.
3. 開路した高圧の電路の停電を検電器具で確認したので，短絡接地を省略した.
4. 開路に用いた開閉器に作業中施錠したので，監視人を置くことを省略した.

（H23　1級電気工事施工管理技術検定試験問題）

解説・解答

　労働安全衛生規則第339条の「停電作業を行う場合の措置」からの出題です.

〔参考〕　Q58

　(3)高圧または特別高圧では，検電器具により停電を確認し，短絡接地器具を用いて確実に短絡接地することが規定されている. →(3)が誤り.

〔解答〕　(3)

コラム9　特別教育（低圧電気取扱業務）

読者のQ&A②

質問

Q1 「低圧電気取扱業務」という特別教育に第1種あるいは第2種電気工事士免状（以下，電気工事士）または電気主任技術者免状（以下，電験）があっても受講する必要がありますか？

A1 低圧電気取扱業務は，労働安全衛生規則第36条第4号に定める危険（感電の恐れのある）な業務に該当すれば，電気工事士や電験の資格に関係なく，あくまで危険有害な業務に従事するための安全衛生のための教育であるから特別教育の受講義務が生じます．

Q2 「低圧電気取扱特別教育」に科目の省略となる国家資格はありますか？

A2
- 保安技術職員国家試験規則（昭和25年 通商産業省令第72号）第5条の「**甲種電気保安係員試験**」または「**乙種電気保安係員試験**」に合格した者
- 鉱山保安規則第56条第1項第3号の「電気工作物の設置，保全又は修理の作業」に就くことができる者

については，**学科教育の科目のうち「関係法令」以外のもの，または実技教育の全部**を省略できるとしています．しかし，上記の試験は，2004年以降廃止されていますが，既得資格は有効とされています．

Q3 「低圧電気取扱特別教育」の対象となる業務は，どのような業務ですか？

A3 労働安全衛生規則第36条第四号後段で，
- 低圧の充電電路の敷設若しくは修理の業務
- 低圧の充電電路の露出した開閉器の操作の業務

の2つの業務のどちらかでも該当すれば対象となります．

Q4 A3に出てくる「**低圧の充電電路**」とは，どのような意味ですか？

A4 解釈例規によれば，低圧の裸電線，電気機械器具の低圧の露出充電部分のほか，低圧用電路に用いられている屋外用ビニル絶縁電線，引込用ビニル絶縁電線，600 Vビニル絶縁電線，600 Vゴム絶縁電線，電気温床線，ケーブル，高圧用の絶縁電線，**電気機械器具の絶縁物で覆われた低圧充電部分等であって絶縁被覆または絶縁覆いが欠除若しくは損傷している部分が含まれるものであること**としているから，年数の経過したものは絶縁物の劣化あるいは損傷している部分が見えない箇所にあることも考慮すると広い解釈で考える必要があります．

コラム 10 "認定電気工事従事者という資格"

認定電気工事従事者の資格を取得するには？

電気工事士法の**自家用電気工作物**は，最大電力 500 kW 未満の需要設備と限定され，ここでの電気工事は，**第一種電気工事士**の資格が必要ですが低圧の部分では**認定電気工事従事者**の資格を取得すると工事ができることをご存知でしょうか．

以下，「**認定電気工事従事者**」の資格を取得するためにはどうしたらよいかにスポットを当て，この資格に関連する**第一種電気工事士**のことも含めて Q&A でなぞ解きをしていきます．

Q1 自家用電気工作物の定義は 2 種類ある？

A1 **電気事業法**の自家用電気工作物は，電気事業用電気工作物および一般用電気工作物以外の電気工作物ですが，具体的には高圧または特別高圧で受電する事業所で小規模な高圧受電の最大電力 500 kW 未満から中規模な最大電力 1500 kW 程度，あるいは大規模な特別高圧 154 kV，275 kV 受電のところと様々です．

しかし，**電気工事士法**の自家用電気工作物は最大電力 500 kW 未満の需要設備と範囲が狭くなっています．

Q2 第一種電気工事士の資格の誕生のいきさつは？

A2 昭和 37 年に施行された**電気工事士法**は，**一般用電気工作物**の電気工事の作業に従事する資格と義務を定めたもので，現在の**第二種電気工事士**についてのものでした．

ビル，工場等の小規模な**自家用電気工作物**において，電気工事の作業段階の不備を原因の一つとする停電等の波及事故が発生し，社会的影響が大きいことから，小規模な自家用電気工作物（最大電力 500 kW 未満）の工事段階での保安

を強化し，事故を未然に防止することを目的として，昭和 62 年 9 月に電気工事士法の改正で電気工事の中に**自家用電気工作物**に係るものが取り入れられ，この作業に従事する**第一種電気工事士**が誕生しました．

Q3 電気工事の資格と従事できる作業内容は？

A3 昭和 62 年 9 月の電気工事士法改正で，**第一種電気工事士**のほかにネオン工事，非常用予備発電装置の工事，つまり**特殊電気工事**に従事する「**特種電気工事資格者**」，自家用電気工作物の低圧配線の工事である**簡易電気工事**に従事できる「**認定電気工事従事者**」の資格が定められました．

それぞれの資格と従事できる作業内容は，図 A のとおりです．

Q4 最大電力 500 kW 以上の需要設備や特別高圧の需要設備では，電気工事の資格は？

A4 図 A でも示されているとおり，最大電力 500 kW 以上や特別高圧の需要設備（最大電力 500 kW 未満は除く）での電気工事は，**電気主任技術者**の監督の下に工事が実施されるという理由で，第一種電気工事士または認定電気工事従事者の資格がなくても工事ができます．しかし，それぞれの事業所で定める保安規程の細則等により，より厳しい資格を要求しているところもあります．

なお，電気工事士法の自家用電気工作物，つまり**最大電力 500 kW 未満の需要設備**の電気工事は，例え専任の電気主任技術者がいる場合でも電気工事士法の規定により，**第一種電気工事士または認定電気工事従事者**でなければ工事を実施することができないとしています．

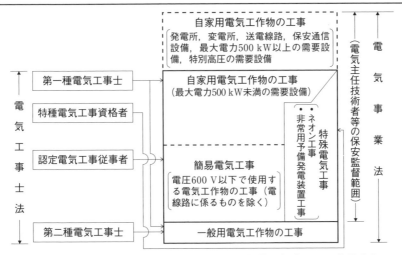

図A　電気工事士法における電気工事士等の資格と従事できる作業内容
電気工事技術講習センター「認定電気工事従事者認定講習テキスト」より引用

Q5 「認定電気工事従事者」の資格は，どのようにすれば取得できますか？

A5 まず，次の３種類のいずれかの**資格要件**を満たすことが必須条件です．

> ① 第二種電気工事士免状の交付を受けた者
> ② 電気主任技術者免状の交付を受けた者
> ③ 第一種電気工事士試験合格者

　以上の①，②のうち，それぞれの業務の**実務経験が３年以上**あれば，産業保安監督部長あてに申請することによって，認定電気工事従事者認定証の交付を受けることができます．③は実務経験がなくても申請することで，交付を受けることができます．

　なお，①，②のうち，**実務経験のない者**は，(一財)**電気工事技術講習センター**が行う「**認定電気工事従事者認定講習**」を受講し，その講習修了証等を添えて，住所地を管轄する産業保安監督部長あてに認定申請することにより，認定証が交付されます．

◁ **筆者の身近に起きた本当の話** ▷

　電気工事会社は，発注金額の大きい物件を受託するには，建設業法の監理技術者になれる**一級電気施工管理技術者**という資格を持つ社員を多く抱える必要があります．この**一級電気施工管理技術者**になるための試験の受験資格に一番有利なのが，**第一種電気工事士**です．筆者の身近に起きた話というのが第一種電気工事士試験合格者(以下「**試験合格者**」という)を多く抱える会社で，**一級電気施工管理技術検定試験**の受験申込みをするために，試験合格者に第一種電気工事士免状交付申請をしている段階でハプニングが発生しました！　**第一種電気工事士**の場合は，**実務経験証明書**が必要ですが，この会社での電気工事は，500 kW 未満のものが多かったため，低圧のものでもその業務には**認定電気工事従事者**の資格が必要だったにもかかわらず，その**認定証**の写しを要求に対してほとんどの者が所有していなかったのです．

　したがって，**一級電気施工管理技術検定試験**は受験できなくなり，今までの業務も法令違反と言われ，これ以後，**認定証交付申請**をして，その業務の所定の経験年数を積んでから受験するように申請先の指導があったという話です．

　第一種電気工事士試験合格後は，直ちに**認定電気工事従事者認定証**の交付申請をしてその業務が 500 kW 未満であっても，500 kW 以上でも法令に則した実践経験を積み，所定の実務経験年数に達したときに**第一種電気工事士免状の交付申請**をすれば，このようなミスはなくなります．

問題で確認⑦ 資格

問題⑦-1

次の記述のうち，「電気工事士法」上，**誤っている**ものはどれか．

1．特種電気工事資格者認定証は，経済産業大臣が交付する．
2．特殊電気工事の種類には，ネオン工事と非常用予備発電装置工事がある．
3．第一種電気工事士は，自家用電気工作物に係るすべての電気工事の作業に従事することができる．
4．認定電気工事従事者は，自家用電気工作物に係る電気工事のうち簡易電気工事の作業に従事することができる．

（H30 1級電気工事施工管理技術検定試験問題）

解説・解答

電気工事士等の資格と従事できる作業内容の問題で，前ページの図Aのように第一種電気工事士は，自家用電気工作物の工事から**特殊電気工事**の作業が除外されるから，**3．が誤り**．

〔解答〕（3）

問題⑦-2

電気工事士等に関する記述として，「電気工事士法」上，**誤っている**ものはどれか．ただし，保安上支障がないと認められる作業であって省令で定める軽微なものを除く．

1．第1種電気工事士は，自家用電気工作物の保安に関する所定の講習を受けなければならない．
2．第2種電気工事士は，最大電力50kW未満であってもその自家用電気工作物に係る電気工事の作業に従事することができない
3．認定電気工事従事者は，使用電圧600V以下であってもその自家用電気工作物の電線路に係る電気工事の作業に従事することができない．

4．非常用予備発電装置工事の特種電気工事資格者は，自家用電気工作物の非常用予備発電装置として設置される原動機であってもその附属設備に係る電気工事の作業に従事することができない．

（H26 1級電気工事施工管理技術検定試験問題）

解説・解答

（1）**第1種電気工事士**は，免状交付後5年以内に自家用電気工作物の保安講習の受講義務がある．　　→ ○
（2）**第2種電気工事士**は，一般用電気工作物に係る電気工事の作集しか従事できない．　　→ ○
（3）**認定電気工事従事者**は，電気工事士法の自家用電気工作物の工事のうち，電圧600V以下の自家用電気工作物に係る電気工事に従事できるとしているものの，**電線路に係るものを除く**としている．　　→ ○
（4）**非常用予備発電装置の特種電気工事資格者**は，電気工事法施行規則第2条の2第1項第二号により，非常用予備発電装置として設置される原動機，発電機，配電盤(他の需要設備との間の電線との接続部分を除く．)およびこれらの附属設備に係る電気工事に従事できる．　　→ ✕

〔解答〕（4）

索 引

あ

アース………………………………36
圧着端子…………………………… 118
アナログテスタ……………………31
油入変圧器とモールド変圧器の %Z
　………………………………………55
アルカリ蓄電池……………………10
アルミ合金より線………………… 112
安全衛生教育……………………… 140
安全管理……………………… 140, 143
　——審査…………………………… 127
安定器……………………………… 108
アンペアの右ねじの法則…………39
イオン化傾向………………………21
異時点滅…………………………… 4
異種金属接触腐食…………13, 21, 23
一次電池……………………… 10, 120
位置表示灯内蔵スイッチ………… 4
一級電気施工管理技術者………… 147
一端接地……………………………33
医用接地方式………………………34
医用電気機器………………………34
色温度……………………………… 106
陰極（カソード）…………………22
陰極吸収式シール形鉛蓄電池…… 121
インターロック…………………… 127
インダクタンス……………………47
インバータ………………………… 100
エネルギー密度……………………11
エミッタ接地 CR 結合増幅回路……37
演色性……………………………… 107
円線図法……………………………98
屋外用ビニル絶縁電線…………… 112
屋内消火栓ポンプのサクション配管
　………………………………………20
屋内配線………………………… 112
送り電線…………………………… 116
温度検出素子………………………93

か

回転子………………………………26
外灯不点………………………… 108
外部地絡事故………………………70
外部電源方式………………………22
外部半導電層………………………42
架橋ポリエチレン………………… 112
確認・位置表示灯内蔵スイッチ… 4
確認表示灯内蔵スイッチ………… 4
瑕疵……………………………… 129
　——担保責任…………………… 128

片端接地…………………… 43, 45
カップリング………………………46
過電圧地絡継電器…………………71
過電流………………………………19
　——事故…………………………73
　——蓄勢トリップ付地絡トリップ72
　——定数……………………… 8, 67
過渡現象……………………………39
過負荷要素…………………………93
ガルバニック腐食……………13, 23
簡易電気工事…………………… 146
乾式変圧器…………………………50
慣性………………………… 86, 90
　——モーメント…………………87
感電………………………………50
　——防止………………………2, 36
環流ダイオード……………………47
機械損………………………………98
犠牲陽極……………………………22
基本波と高調波の和の波形………18
逆相分………………………………41
キャブタイヤケーブル方式………82
キュービクル………………………78
共振…………………………………46
共通インピーダンス………………38
局部電池形成………………………23
局部電流腐食………………………23
許容最高温度………………………26
金属の腐食…………………………21
均等充電………………………… 121
空心コイル………………………… 7
口出線………………………………82
　——の記号…………………………83
くま取りコイル……………………15
グラウンド…………………………36
クランプメータ……………………28
クレーン走行用モータ主回路……30
ケージ方式…………………………74
ケーブル………………………… 114
　——火災…………………………43
　——の構造……………………… 115
　——の略号……………………… 115
結合コンデンサ……………………37
欠相検出要素………………………93
限時特性……………………………66
建設計画……………………… 134, 136
検電器………………………………77
コイル…………………… 14, 39, 47
高圧 CV ケーブル…………… 112, 115

高圧及び特別高圧進相コンデンサの
　規格………………………………56
高圧ケーブルの接地………………42
高圧コンデンサの新旧比較………59
高圧受電設備 OCR ………………68
高圧受電設備規程………… 64, 78, 89
高圧需要家 OCR ……………… 127
高圧進相コンデンサの構成………59
降圧チョッパ………………………47
高輝度放電ランプ……………… 108
高効率電動機………………………98
工事計画の事前届出…………… 125
工事契約書………………… 126, 128
公称電圧……………………………10
公称変流比…………………………… 8
鋼心アルミより線………………… 112
鋼心耐熱アルミ合金より線……… 112
拘束………………………………86
高調波………………………………18
　——拡大…………………………60
　——過電流………………………… 7
　——過電流継電器………………61
　——過負荷許容限界……………63
　——共振…………………………… 7
　——耐量……………………… 7, 63
　——電流……………………… 7, 62
　——抑制対策……………………63
硬銅より線……………………… 112
交流…………………………………14
コールドスタート特性………… 87, 88
故障事故原因別内訳…………… 138
故障部品内訳…………………… 139
固定子………………………………26
　——巻線…………………………26
固定損………………………………98
コミュニケーション…………… 143
混触防止板付変圧器………… 33, 34
コンセント………………… 110, 116
　——の送り配線………………… 117
　——の配置……………………… 3
コンデンサ………………… 39, 46
　——の定格電流…………………59
　——平滑回路……………………46

さ

サージ電圧…………………………27
サーマル形…………………………86
サーマルトリップ…………………30
サーマルプロテクタ………………93
サーマルランナウェイ……… 12, 121

サーマルリレー……………… 87, 88
サーミスタ形…………………… 86
再閉路……………………………… 72
さし込み口形状………………… 110
サルフェーション………………… 12
産業保安監督部………………… 147
三相交流電流…………………… 40
三相変圧器の結線……………… 52
三相誘導電動機………………… 26
残留電荷………………………… 51, 77
シース…………………………… 114
シール形………………… 10, 120
シールド………………………… 37
　——ケーブル………… 44, 45
　——対策……………………… 45
試運転調整……………………… 124
直入始動………………………… 82
磁化曲線(B-H 曲線)…………… 6
自家用工作物…………………… 146
自家用需要家の電力用コンデンサ…56
自家用電気工作物使用前検査
　実施手順……………………… 125
自家用の DGR 付 PAS………… 32
磁気飽和……………… 6, 8, 19, 90
シグナルグラウンド……………… 37
シグナル接地…………………… 37
時限協調………………………… 66
試験成績表……………………… 94
事故現象, 故障部品のトレンド… 138
自主検査………………………… 127
自然電位………………… 13, 21
実効値…………………………… 40
実務経験証明書………………… 147
始動時間………………………… 90
始動電流………………85, 86, 99
遮断器インターロック条件表…… 126
遮へい層………………………… 42
　——抵抗測定………………… 43
　——の接地…………………… 42
住宅の屋内配線………………… 2
樹脂層表面電位………………… 50
受電設備の事故………………… 64
受電地絡継電器………………… 70
受電部…………………………… 74
竣工図書………………………… 124
竣工引渡し……………………… 124
　——後にやるべきこと……… 132
瞬時特性………………………… 66
瞬時トリップ…………………… 30
瞬時要素………………………… 67
　——整定値…………………… 9
　——整定棒…………………… 69
　——付き OCR……………… 69
省エネルギー化………………… 100
常時点灯………………………… 4

小信号増幅回路………………… 46
焼損……………………………… 86
使用負担………………………… 8
　——と過電流定数…………… 9
使用前検査……………………… 125
使用前自主検査………………… 125
商用周波数耐電圧……………… 75
触媒栓…………………………… 120
　——式………………………… 10
新幹線…………………………… 104
　——の車両形式……………… 80
　——の半導体素子…………… 104
　——のモータ……………… 104
真空の透磁率…………………… 6
心室細動………………………… 35
進相コンデンサ………… 60, 62
　——設備の高調波等価回路… 62
真の漏れ電流…………………… 29
水銀ランプ……………………… 108
　——の等価回路……………… 109
スイッチ………………………… 2
水平導体方式…………………… 74
スケルトン……………………… 135
スター結線……………………… 52
スターデルタ結線……………… 53
スターデルタ切換えのしくみ… 85
スターデルタ始動……………… 82
　——モータのシーケンス…… 82, 84
ストローク……………………… 15
スプール形電磁弁……………… 15
スロットと巻線………………… 26
制御盤内の端子台……………… 119
制御弁式………………………… 10
　——蓄電池…………………… 120
制御用ケーブル………………… 114
　——の構造…………………… 44
制限電圧………………………… 75
正相分…………………………… 41
静電シールド…………………… 44
静電誘導………………………… 44
静電容量………………………… 50
絶縁監視装置…………………… 35
絶縁材料………………………… 26
　——と温度上昇限度………… 27
　——の劣化要因……………… 27
絶縁状態監視装置……………… 31
絶縁抵抗………………………… 28
　——値………………………… 28
　——抵抗計…………………… 28
絶縁不良………………………… 30
絶縁変圧器……………………… 35
絶縁用保護具…………………… 77
絶縁良否の判定………………… 28
絶縁劣化………………………… 26
絶縁レベル……………………… 75

接触抵抗………………………… 118
接地……………………… 26, 36
　——形 3P30A 引掛形コンセント
　　　使用例………………… 111
　——形計器用変圧器……… 32, 71
　——側………………………… 3
　——側電線…………………… 2
　——極………………… 74, 111
　——線………………………… 36
　——抵抗……………………… 36
　——電極……………………… 36
設備管理台帳…………………… 133
設備に共通な提案……………… 136
線間電圧………………………… 52
線電流…………………………… 52
閃絡……………………………… 61
相関色温度……………………… 107
相電圧…………………………… 52
送電線…………………………… 112
相電流…………………………… 52
外箱接地………………………… 33

た
第 5 高調波……………………… 60
第 n 調波電圧…………………… 62
第一種(二種)電気工事士…… 145, 146
対称座標法……………………… 41
対称三相交流…………………… 40
対称分…………………………… 41
対地電圧………………………… 2
タイトランス…………………… 33
多点接地………………………… 38
段階時限………………………… 66
端子切換え……………………… 82
端子台式………………………… 82
単相 3 線式……………………… 2
単相半波ダイオード整流回路…… 47
担保……………………………… 129
短絡……………………………… 86
　——インピーダンス………… 54
　——強度協調………………… 67
　——事故……………………… 64
　——接地……………… 75, 76
　——接地の方法……………… 77
　——保護……………………… 86
蓄勢トリップ…………………… 73
地中埋設管の電食……………… 21
遅動形サーマルリレー………… 90
柱上気中負荷開閉器…………… 72
調相設備………………………… 57
超反限時………………………… 66
直撃雷…………………………… 74
直流……………………………… 14
直列共振の周波数特性………… 46
直列リアクトル………… 7, 58, 61
　——付きの進相コンデンサ回路…61

地絡継電器···············72
　——の整定···········70
地絡継電装置付高圧交流負荷開閉器
　·················72
地絡事故···············64
地絡線···············93
地絡方向継電器···········70
地絡保護協調···········70
ツイスト線···············44
低圧 CV ケーブル·········115
低圧側の 1 端子···········52
低圧電気取扱業務·········145
低圧電路の絶縁抵抗·········28
低圧ナトリウムランプ·······107
低圧の充電電路·········145
定格過電流強度·········· 9
定格過電流定数··········· 8
定格設備容量···········59
定格負担··············· 8
定格容量···············59
定限時···············66
抵抗とリアクタンスの比率··· 112
デジタルテスタ···········30
テスタ···············30
鉄心入りコイルの電流波形·····19
鉄損···············98
デルタ結線·········· 52, 84
デルタデルタ結線·········52
電圧ひずみ········· 60, 63
電圧変動率···········54
電気エネルギーの単位·······16
電気火災···········119
電気工作物の保安規定·······132
電気工事実技講習センター···147
電気工事法の自家用電気工作物··· 146
電気事業法·········140
電気設備技術基準の解釈········· 2
電気設備故障原因処置記録···132
電気設備に関する技術基準を定める
　省令············ 26, 28
電気保安係員試験·········145
電気防食法···········22
電源欠相···········97
電子回路の接地·········36
電磁シールド···········44
電子式安定器·········102
電磁石···············14
電磁接触器の接触不良·······96
電磁弁···············14
　——コイル··········· 6
電磁誘導···············44
　——対策···········45
電食·········13, 20, 23
電線·········112, 114
電池·········10, 120

電灯·········· 116
　——回路の主幹 ELD ··· 119
　——の送り配線·········117
　——分電盤··········· 3
　——変圧器··········· 3
電動機の損失···········99
電動機比較表···········99
電流協調···········66
電力用規格···········57
電力用ケーブル········· 114
電力用コンデンサ······· 56, 58
電路···············76
　——絶縁の原則·········26
等価回路法···········98
動作協調···········67
動作時限特性···········66
同軸ケーブル···········45
同時点滅··········· 4
透磁率··········· 6
銅損···············98
導体の占積率···········53
等電位接地···········35
特殊演色評価数·········107
特別教育···········145
突針方式···········74
突入電流········· 60, 80
トリップ·········119
トリプレックス形········· 115
トルク········· 16, 84

な
内線規程··········· 2
内部ガス循環方式········· 121
内部欠相···········97
内部地絡事故···········70
内部抵抗測定·········121
鉛蓄電池···········10
ニカド電池···········10
二次電池·········10, 120
ニッケル水素電池·········11
日本産業規格···········79
日本配線システム工業会······110
認定電気工事従事者·······146
熱逸走現象·········121
熱動作形過負荷継電器·······88
燃料電池·········120
ノイズ···············38
　——対策···········37

は
バイアス···············37
配管の穴···········20
配線···········118
配電線···········112
配電用遮断器·········86
配電用変電所···········66

バイパスコンデンサ(パスコン)
　·················· 37, 46
配変地絡継電器···········70
配変の EVT···········71
配変フィーダ用 OCR ·····68
バイポーラトランジスタ·······37
バイメタル形···········86
バイメタルスイッチ·······93
パイロット・ホタルスイッチ··· 4
白色光···········106
ハザード···········143
はずみ車効果···········87
反限時···············66
反相要素···········93
反覆定格···········27
引込み用ビニル絶縁電線····· 112
引下げ導体···········74
非互換···········111
比誤差··········· 8
ヒステリシス特性·········9, 19
ヒステリシスループ··········· 6
ひずみ波···············18
非接地回路···········34
非接地側··········· 3
　——電線··········· 2
非接地配線方式········· 33, 34
皮相電力···········56
非対称三相交流···········40
否定(NOT)·········100
避電設備···········74
比透磁率··········· 6
百分率インピーダンス·····54
ヒューズ···········86
ヒューマンエラー·········142
病院の非接地配線方式·······35
表示灯内蔵スイッチの結線····· 5
標準電極電位···········21
漂遊負荷損···········98
避雷器···········74
ファンと電動機···········99
フィーダ···········71
負荷損···············98
負荷の種類···········80
負極吸収式·········121
不具合事項·········124
　——の実例········· 129, 130
　——の手直しの依頼·······129
　——の発見方法とタイミング··· 128
不具合の記録·········132
不具合のトレンド分析·······132
物的な安全措置·········143
浮動充電方式·········120
不必要動作···········70
部分焼損···············31
不平衡三相回路···········41

フレーム接地⋯⋯⋯⋯⋯⋯⋯⋯37
平滑⋯⋯⋯⋯⋯⋯⋯⋯⋯⋯⋯46
平均演色評価数⋯⋯⋯⋯⋯ 107
平衡三相回路⋯⋯⋯⋯⋯⋯⋯41
並列運転⋯⋯⋯⋯⋯⋯⋯⋯⋯54
並列共振の周波数特性⋯⋯⋯⋯46
ベクトル⋯⋯⋯⋯⋯⋯⋯⋯⋯40
変圧器の結線⋯⋯⋯⋯⋯⋯⋯53
変圧器の接地⋯⋯⋯⋯⋯⋯⋯32
変圧器の二次巻線の接地⋯⋯⋯33
変圧器の銘板⋯⋯⋯⋯⋯⋯⋯54
変圧器バンク⋯⋯⋯⋯⋯⋯⋯31
ベント形⋯⋯⋯⋯⋯⋯⋯10, 120
変流器の接続と端子記号⋯⋯⋯ 9
放電コイル⋯⋯⋯⋯⋯⋯⋯⋯58
放電抵抗⋯⋯⋯⋯⋯⋯⋯⋯⋯58
飽和ＣＴ付サーマルリレー⋯⋯90
飽和リアクトル付サーマルリレー⋯90
保護協調⋯⋯⋯⋯⋯⋯⋯⋯⋯64
　　──曲線⋯⋯⋯⋯⋯⋯⋯67
　　──曲線の描き方⋯⋯⋯⋯68
保護継電器の整定⋯⋯⋯ 64, 66
保護リレー整定計算書⋯⋯ 126
ホットスタート特性⋯⋯⋯ 87, 88
ポペット形電磁弁⋯⋯⋯⋯⋯15
ポリエチレン⋯⋯⋯⋯⋯⋯ 112

ま

マクロショック⋯⋯⋯⋯⋯⋯35
ミクロショック⋯⋯⋯⋯⋯⋯35
脈動⋯⋯⋯⋯⋯⋯⋯⋯⋯⋯⋯15
無効電力⋯⋯⋯⋯⋯⋯⋯⋯⋯56
無停電電源装置⋯⋯⋯⋯⋯ 102
メモリー効果⋯⋯⋯⋯⋯⋯⋯12
メンテナンス⋯⋯⋯⋯ 134, 138
モータ⋯⋯⋯⋯⋯⋯⋯⋯26, 30
　　──回路の漏れ電流⋯⋯⋯40
　　──結線と端子切換え⋯⋯83
　　──欠相⋯⋯⋯⋯⋯⋯⋯96
　　──コイル間の抵抗値測定⋯⋯95
　　──スター結線⋯⋯⋯⋯⋯85
　　──正常時の電流分布⋯⋯97
　　──デルタ結線⋯⋯⋯⋯⋯85
　　──の過負荷保護⋯⋯⋯⋯86
　　──の口出線⋯⋯⋯⋯⋯⋯83
　　──のスターデルタ⋯⋯⋯84
　　──の絶縁低下⋯⋯⋯⋯⋯30
　　──の端子記号と接続方式⋯⋯83
　　──の抵抗値⋯⋯⋯⋯⋯⋯94
　　──の内部結線⋯⋯⋯ 94, 96
　　──の熱特性⋯⋯⋯⋯87, 89
　　──の保護⋯⋯⋯⋯86, 88, 90
　　──ブレーカ⋯⋯⋯⋯86, 92
モールド樹脂表面電位⋯⋯⋯51
モールド変圧器⋯⋯⋯⋯⋯⋯50
モニタリングスイッチ付電磁弁⋯15

漏れ電流⋯⋯⋯⋯⋯ 20, 28, 40
　　──計⋯⋯⋯⋯⋯⋯⋯⋯28
　　──のメカニズム⋯⋯⋯⋯29

や

油圧ポンプ用モータ主回路⋯⋯30
有効電力⋯⋯⋯⋯⋯⋯⋯⋯⋯56
有色光⋯⋯⋯⋯⋯⋯⋯⋯⋯ 106
誘電損⋯⋯⋯⋯⋯⋯⋯⋯⋯⋯26
誘導形⋯⋯⋯⋯⋯⋯⋯⋯⋯⋯86
誘導雷⋯⋯⋯⋯⋯⋯⋯⋯⋯⋯74
陽極（アノード）⋯⋯⋯⋯⋯22

ら

雷インパルス耐電圧⋯⋯⋯⋯75
雷インパルス放電開始電圧⋯⋯75
雷雲⋯⋯⋯⋯⋯⋯⋯⋯⋯⋯⋯74
雷サージ⋯⋯⋯⋯⋯⋯⋯⋯⋯75
ラグ式⋯⋯⋯⋯⋯⋯⋯⋯⋯⋯82
落雷⋯⋯⋯⋯⋯⋯⋯⋯⋯⋯⋯74
ランプ効率⋯⋯⋯⋯⋯ 102, 107
ランプ寿命⋯⋯⋯⋯⋯⋯⋯ 107
ランプの光色⋯⋯⋯⋯⋯⋯ 106
力率改善⋯⋯⋯⋯⋯⋯⋯⋯⋯58
力率角⋯⋯⋯⋯⋯⋯⋯⋯⋯⋯56
リスクアセスメント⋯⋯⋯ 142
リチウムイオン二次電池⋯⋯⋯10
流電陽極方式⋯⋯⋯⋯⋯13, 22
両端接地⋯⋯⋯⋯⋯⋯⋯⋯⋯43
励磁インダクタンス⋯⋯⋯⋯ 7
励磁電流⋯⋯⋯⋯⋯⋯⋯⋯⋯ 9
励磁突入電流⋯⋯⋯⋯⋯⋯⋯ 9
零相基準入力⋯⋯⋯⋯⋯⋯⋯71
　　──装置⋯⋯⋯⋯⋯⋯⋯32
零相蓄電器⋯⋯⋯⋯⋯⋯⋯⋯71
零相電圧検出用コンデンサ⋯⋯71
零相電流⋯⋯⋯⋯⋯⋯⋯40, 71
零相分⋯⋯⋯⋯⋯⋯⋯⋯⋯⋯41
零相変流器⋯⋯⋯⋯⋯⋯⋯⋯70
レヤーショート⋯⋯⋯⋯⋯⋯27
連続定格⋯⋯⋯⋯⋯⋯⋯⋯⋯27
漏えい電流⋯⋯⋯⋯⋯⋯⋯⋯34
労働安全衛生規則⋯⋯⋯76, 140
労働安全衛生法⋯⋯⋯⋯⋯ 140
論理回路⋯⋯⋯⋯⋯⋯⋯⋯ 100
論理否定素子⋯⋯⋯⋯⋯⋯ 100

わ

わたり配線⋯⋯⋯⋯⋯⋯⋯ 117

数字

0電位⋯⋯⋯⋯⋯⋯⋯⋯⋯⋯44
1点接地⋯⋯⋯⋯⋯⋯⋯⋯⋯38
3Eリレー⋯⋯⋯⋯⋯⋯87, 93

英文

ACSR⋯⋯⋯⋯⋯⋯⋯⋯⋯ 112
A種接地工事⋯⋯⋯⋯⋯⋯⋯32
B種接地工事⋯⋯⋯⋯⋯32, 53
CB形受電設備の整定の計算⋯⋯67

CTの結線と接地⋯⋯⋯⋯⋯ 8
CV⋯⋯⋯⋯⋯⋯⋯⋯⋯⋯ 116
CVCF⋯⋯⋯⋯⋯⋯⋯⋯⋯ 102
CVV⋯⋯⋯⋯⋯⋯⋯⋯⋯⋯44
CVVS⋯⋯⋯⋯⋯⋯⋯⋯⋯⋯44
DGR⋯⋯⋯⋯⋯⋯⋯⋯⋯⋯70
DV⋯⋯⋯⋯⋯⋯⋯⋯⋯⋯ 112
EVT⋯⋯⋯⋯⋯⋯⋯⋯32, 71
GR⋯⋯⋯⋯⋯⋯⋯⋯⋯⋯⋯72
　　──付PAS⋯⋯⋯⋯64, 72
　　──付PASのG動作⋯⋯72
　　──付PASのSO動作⋯⋯73
　　──付PASの機能と動作説明⋯65
　　──付高圧負荷開閉器⋯⋯64
GTO⋯⋯⋯⋯⋯⋯⋯⋯⋯ 104
G動作⋯⋯⋯⋯⋯⋯⋯⋯⋯⋯72
Hf蛍光灯用安定器⋯⋯⋯ 102
HIDランプ⋯⋯⋯⋯⋯⋯ 108
I_0方式⋯⋯⋯⋯⋯⋯⋯⋯⋯31
IGBT⋯⋯⋯⋯⋯⋯⋯⋯⋯ 104
I_{gr}方式⋯⋯⋯⋯⋯⋯⋯⋯⋯31
JIS改正後の高調波対策⋯⋯⋯63
MCCB⋯⋯⋯⋯⋯⋯86, 88, 89
ME機器⋯⋯⋯⋯⋯⋯⋯⋯⋯35
NEMA規格⋯⋯⋯⋯⋯⋯ 111
NOTの記号と真理値表⋯⋯ 100
OC⋯⋯⋯⋯⋯⋯⋯⋯⋯⋯ 112
OCR⋯⋯⋯⋯⋯⋯⋯⋯65, 66
　　──電流タップの変更⋯⋯69
　　──動作時間精度表⋯⋯⋯68
　　──の動作協調⋯⋯⋯⋯⋯68
OE⋯⋯⋯⋯⋯⋯⋯⋯⋯⋯ 112
OVGR⋯⋯⋯⋯⋯⋯⋯⋯⋯71
OW⋯⋯⋯⋯⋯⋯⋯⋯⋯⋯ 112
PAS⋯⋯⋯⋯⋯⋯⋯⋯⋯⋯72
PFC回路⋯⋯⋯⋯⋯⋯⋯⋯12
SiCデバイス⋯⋯⋯⋯⋯⋯ 104
SOG開閉器⋯⋯⋯⋯⋯⋯⋯72
SO動作⋯⋯⋯⋯⋯⋯⋯⋯⋯72
TACSR⋯⋯⋯⋯⋯⋯⋯⋯ 112
UL498規格⋯⋯⋯⋯⋯⋯ 111
UPS⋯⋯⋯⋯⋯⋯⋯⋯⋯⋯ 102
VVF⋯⋯⋯⋯⋯⋯⋯⋯⋯ 116
VVVF⋯⋯⋯⋯⋯⋯⋯⋯⋯ 101
VVケーブル⋯⋯⋯⋯⋯⋯ 115
ZCT⋯⋯⋯⋯⋯⋯⋯⋯65, 70
ZPC⋯⋯⋯⋯⋯⋯⋯⋯⋯⋯71
ZPD⋯⋯⋯⋯⋯⋯⋯32, 65, 71

電気 Q&A
電気設備の疑問解決

2020 年 6 月 5 日　　第 1 版第 1 刷発行
2021 年 10 月 10 日　　第 1 版第 2 刷発行

著　者　石井理仁
発行者　村上和夫
発行所　株式会社 オーム社
　　　　郵便番号　101-8460
　　　　東京都千代田区神田錦町 3-1
　　　　電話　03(3233)0641(代表)
　　　　URL　https://www.ohmsha.co.jp/

© 石井理仁 2020

組版　アトリエ渋谷　　印刷・製本　三美印刷
ISBN978-4-274-22550-5　Printed in Japan

本書の感想募集 https://www.ohmsha.co.jp/kansou/
本書をお読みになった感想を上記サイトまでお寄せください。
お寄せいただいた方には、抽選でプレゼントを差し上げます。